中国气候变化海洋蓝皮书（2022）
Blue Book on Marine Climate Change in China (2022)

国家海洋信息中心　编著

科 学 出 版 社
北　京

内 容 简 介

为全面反映气候变暖背景下海洋关键指标变化的科学事实，国家海洋信息中心基于海洋观测网和其他相关数据编制完成本书。本书内容分为三章，分别从全球海洋状况、中国海洋状况和影响中国海洋状况的主要因素三个方面给出海洋气候变化的最新监测信息，可为国家和沿海各地方政府及决策部门科学应对气候变化提供基础支撑，为社会公众提供科普宣传基础信息，并满足国内外科研和技术交流需要。

本书可供海洋、气象、水产、环境、交通、水利和测绘等领域相关人员参考使用，也可供对气候变化和生态环境变化等感兴趣的读者阅读。

审图号：GS 京（2023）0605 号

图书在版编目（CIP）数据

中国气候变化海洋蓝皮书. 2022 / 国家海洋信息中心编著. —北京：科学出版社，2023.3

ISBN 978-7-03-075142-3

Ⅰ. ①中… Ⅱ. ①国… Ⅲ. ①海洋气候—气候变化—研究报告—中国—2022 Ⅳ. ①P732.5

中国国家版本馆CIP数据核字(2023)第044206号

责任编辑：杨逢渤 / 责任校对：樊雅琼
责任印制：肖 兴 / 封面设计：无极书装

科学出版社 出版
北京东黄城根北街16号
邮政编码：100717
http://www.sciencep.com

北京九天鸿程印刷有限责任公司 印刷
科学出版社发行 各地新华书店经销

*

2023年3月第 一 版　开本：720×1000　1/16
2023年3月第一次印刷　印张：6 3/4
字数：150 000
定价：108.00元
（如有印装质量问题，我社负责调换）

《中国气候变化海洋蓝皮书（2022）》
编 写 组

组　　长　相文玺

副 组 长　王　慧

编写成员　（以姓氏笔画为序）

　　　　　　王　东　　王朋岭　　王炜东　　王爱梅　　邓丽静
　　　　　　左常圣　　吕江华　　向先全　　全梦媛　　刘首华
　　　　　　江羽西　　李　响　　李　潇　　李文善　　杨　扬
　　　　　　杨锦坤　　吴新辉　　张　峰　　张建立　　陈　斐
　　　　　　武双全　　苗庆生　　范文静　　金波文　　骆敬新
　　　　　　贾　宁　　徐　浩　　高　佳　　高　通　　董军兴
　　　　　　路文海　　潘　嵩

前　　言

受人类活动和自然因素共同影响，近百年来，全球正经历着以变暖为显著特征的变化。海温持续增高、海洋酸化加剧、海平面加速上升、极端海洋气候事件强度加大等，对自然生态环境和人类经济社会发展产生了广泛的影响，引起当今社会的高度关注。国际组织和各国政府相继发布气候变化评估报告和年度气候状况报告，全面评估气候变化的现状、潜在影响，以及适应和减缓的可能对策。

海洋吸收了约93%因温室效应产生的额外能量和约23%人为排放的二氧化碳，是气候变化的重要调节器和稳定器。海洋在许多方面正经历着过去几个世纪甚至几千年来未有之变化。中国是一个海洋大国，受海陆不同因素影响，海洋气候变化极具区域特点。沿海地区是中国经济最发达、城市化进程最快的区域，同时也是全球海洋气候变化的敏感区和脆弱区，面临的风险更高。

2021年，全球平均表面温度比工业化前水平（1850~1900年平均值）高 $1.11℃ \pm 0.13℃$，过去7年（2015~2021年）是有观测记录以来最暖的7年；全球海洋热含量达历史新高，全球57%的海洋表面至少发生了一次海洋热浪事件；全球平均海平面达到有卫星观测记录以来最高。近四十年，中国沿海海温和海平面上升速率均高于同期全球平均水平，致灾风暴潮次数和年最大增水均呈增加趋势，海洋热浪事件发生次数增多、持续时间增长。2021年，中国沿海海表温度达历史第三高，海平面达有观测记录以来最高；高海平面抬升风暴增水的基础水位，加重了致灾程度。

面向新时期科学应对气候变化、防灾减灾和生态文明建设的新需求，自然资源部高度重视，在海洋预警监测司的组织领导下，国家海洋信息中心基于多年积累的完整翔实的海洋观测网数据及其他相关数据，编制完成本书，给出全球和中国近海海洋气候变化的最新监测事实。期待此项工作能为科学把握海洋气候变化规律、减轻海洋灾害风险、保护海洋生态环境及合理开发利用海洋资源提供科学支撑和决策参考。

本书的编制过程中，得到多位资深专家的评阅和指导，同时也离不开编制人员的辛勤付出，在此一并表示诚挚的感谢！

国家海洋信息中心

2022 年 11 月

目 录

前言

摘要 ··· 1

Summary ··· 3

第1章 全球海洋状况 ··· 6

1.1 全球表面温度 ··· 6

1.2 海表温度 ·· 8

1.3 海洋热含量 ·· 10

1.4 海平面 ··· 12

1.5 海冰 ··· 14

1.6 海洋环流 ·· 16

1.7 海洋酸度 ·· 17

1.8 溶解氧 ··· 18

1.9 叶绿素 ··· 19

第2章 中国海洋状况 ··· 20

2.1 海洋要素 ·· 20

    2.1.1 海表温度 ··· 20

    2.1.2 海表盐度 ··· 26

    2.1.3 潮位 ·· 29

    2.1.4 海平面 ·· 34

    2.1.5 海浪 ·· 38

    2.1.6 海冰 ·· 42

    2.1.7 海洋酸度 ··· 45

　　　　2.1.8　溶解氧 ··· 46
　　　　2.1.9　叶绿素 ··· 47
　2.2　气候要素 ·· 49
　　　　2.2.1　海面气温 ·· 49
　　　　2.2.2　海平面气压 ··· 54
　　　　2.2.3　海面风速 ·· 57
　　　　2.2.4　海气热通量 ··· 59
　2.3　极端事件和典型海洋现象 ··· 64
　　　　2.3.1　海洋热浪 ·· 64
　　　　2.3.2　极值潮位 ·· 67
　　　　2.3.3　风暴潮 ··· 70
　　　　2.3.4　灾害性海浪 ··· 71
　　　　2.3.5　极端气温 ·· 72
　　　　2.3.6　极端降水 ·· 75
　　　　2.3.7　黄海冷水团 ··· 76
　　　　2.3.8　黑潮 ·· 77

第 3 章　影响中国海洋状况的主要因素 ·· 79
　3.1　大气环流 ·· 79
　　　　3.1.1　东亚季风 ·· 79
　　　　3.1.2　西北太平洋副热带高压 ··· 81
　　　　3.1.3　北极涛动 ·· 82
　3.2　厄尔尼诺和南方涛动 ·· 84
　3.3　印度洋偶极子 ··· 86
　3.4　太平洋年代际振荡 ··· 87
　3.5　大西洋多年代际振荡 ·· 89

参考文献 ·· 90
附录Ⅰ　资料来源 ·· 93
附录Ⅱ　术语表 ··· 95

摘　　要

观测和分析结果表明，全球变暖和海平面上升进一步持续。2021年，全球平均表面温度比工业化前水平（1850~1900年平均值）高1.11℃±0.13℃，过去7年（2015~2021年）是有观测记录以来最暖的7年；全球上层海洋热含量再创新高；全球平均海平面达到有卫星观测记录以来的最高；北极9月海冰范围为1979年以来同期第十二低。1985~2020年，全球海洋表层平均pH下降速率为0.016/10年。

1980~2021年，中国沿海海表温度总体呈显著上升趋势，2011年之后升温趋势尤其显著，其中2015~2021年连续七年处于高位。2021年，中国沿海平均海表温度较常年（本书使用1991~2020年为气候基准期）高0.73℃，为1980年以来第三高；1980~2021年，中国沿海海表盐度总体呈下降趋势，下降速率约为0.12/10年。

1980~2021年，中国沿海海平面总体呈波动上升趋势，上升速率为3.4毫米/年。2021年，中国沿海海平面较1993~2011年平均值高84毫米，为1980年以来最高；中国沿海平均高高潮位和平均低低潮位总体均呈上升趋势，平均大的潮差总体呈增大趋势，并具有明显的区域特征，其中杭州湾沿海平均高高潮位和平均大的潮差上升速率均最大，分别为12.3毫米/年和14.0毫米/年。

近几十年，中国沿海极端波高长期变化趋势存在区域差异，其中渤海沿海总体呈下降趋势，东海至南海北部沿海总体呈微弱上升趋势。2010~2021年，中国近海波高在2021年和2010年分别处于最高位和最低位。

1963/1964~2021/2022年，渤海沿海年度海冰冰期和冰量均呈波动下降趋势。

1980~2021年，中国近岸海洋表层pH总体呈波动下降趋势，平均每年下降0.0018个pH单位。2021年，长江口至钱塘江口近岸海域酸化现象较为明显。2005~2021年，长江口海域夏季溶解氧含量总体无显著变化趋势。2021年，长江口海域夏季底层溶解氧含量最低值为1.30毫克/升，有低氧现象发生。

1980~2021年，中国沿海气温总体呈波动上升趋势，其中东海沿海上升速率最大，南海沿海最小。2021年，中国沿海平均气温较常年高0.8℃，为1980年以来第二暖年；中国沿海风速呈波动减小趋势，其中东海沿海风速减小速率最大，渤海沿海最小；中国沿海感热通量和潜热通量均呈波动下降趋势。

1982~2021年，中国近海年平均海洋热浪发生频次、持续时间和累积强度均呈显著增加趋势。2021年，中国近海99.5%的海域至少发生了一次海洋热浪事件，渤莱湾、江苏近海、浙江外海和南海北部海域发生海洋热浪的时间超过150天，对海洋生态系统和渔业资源造成一定影响。

1980~2021年，中国沿海年极值潮位和年最大增水均呈明显上升趋势，年最大增水发生时间集中在7~9月，绝大多数发生在风暴潮影响期间。2000~2021年，中国沿海致灾风暴潮次数呈增加趋势。2021年，中国沿海共发生风暴潮过程16次，其中致灾风暴潮9次；中国近海出现有效波高4.0米（含）以上的灾害性海浪过程35次，其中灾害性台风浪过程11次；中国沿海极端高温事件累积强度比常年高3.4℃·天，其中南海沿海极端高温事件累积强度比常年高19.8℃·天，为1980年以来第二高。

1980~2021年，南黄海冷水团8月最低温度呈上升趋势，北黄海冷水团8月份最低温度呈微弱上升趋势。2021年，北黄海冷水团8月最低温度较常年同期高0.46℃，南黄海冷水团8月最低温度较常年同期高0.40℃，分别为1980年以来第十一高和第八高。2000~2021年，黑潮入侵东海的表面流量呈下降趋势，入侵南海的表面流量呈微弱上升趋势。

1961~2021年，东亚夏季风强度总体呈减弱趋势，东亚冬季风年际和年代际波动明显。2021年，东亚夏季风较2020年偏强，东亚冬季风强度接近常年；夏季西北太平洋副热带高压面积偏大、强度偏强、西伸脊点位置略偏西；冬季北极涛动为负相位，强度较常年偏大。

1950~2021年共发生21次厄尔尼诺事件和17次拉尼娜事件，其中2020年8月至2021年4月，赤道中东太平洋发生一次中等强度的拉尼娜事件，2021年9月再次进入拉尼娜状态，到2022年9月仍在持续。1997~2021年，大西洋多年代际振荡（AMO）处于暖位相。

Summary

Global warming and sea-level rise are further continuing as shown by observations and analysis results. The global mean temperature for 2021 was 1.11 ℃ ± 0.13 ℃ above the pre-industrial baseline (1850-1900 average), the most recent seven years (2015-2021) were the seven warmest years on record; the global ocean heat content (OHC) for 2021 had reached its highest value; the global mean sea level had reached the highest level on satellite record; the Arctic sea ice extent in September reduced to its twelfth-lowest value since 1979; the global open ocean surface pH had declined significantly from 1985 to 2020 at the rate of about 0.016 per decade.

During 1980-2021, the sea-surface temperature (SST) along the China coast exhibited an increasing trend, and the warming accelerated significantly after 2011 and it has been well above normal for seven consecutive years since 2015. In 2021, the average SST along the China coast was 0.73 ℃ higher than normal (1991-2020 is used as the climate reference period in this book), ranking the third since 1980. The period of 1980-2021 witnessed a significantly decreased sea surface salinity (SSS) in China's coastal areas at the rate of about 0.12 per decade.

During 1980-2021, the sea level along the China coast showed a fluctuating upward trend with a rate of 3.4 mm/a. In 2021, the sea level along the China coast was 84 mm higher than the 1993-2011 average, reaching the highest level since 1980. Both of the mean higher high tide level and lower low tide level along the China coast were generally on the rise, as well as the mean great tidal range with obvious regional characteristics. The largest rates of mean higher high tide level and mean great tidal range both occurred at the Hangzhou Bay coast, with the rates of 12.3 mm/a and 14.0 mm/a, respectively.

In recent decades, the long-term trends of extreme wave height along the China coast had regional characteristics, with a downward trend found along the Bohai Sea coast and a slight upward trend found along the coast of East China Sea (ECS) to northern South China Sea (SCS). During 2010-2021, the annual mean wave heights in 2021 and 2010 over China offshore reached the highest and lowest level, respectively.

From 1963/1964 to 2021/2022, both the annual sea ice period and sea ice cover of Bohai Sea stations showed fluctuating downward trends.

From 1980 to 2021, the surface pH of China's nearshore areas showed a fluctuating downward trend, with an annual average decrease of 0.0018 pH units. In 2021, ocean surface acidification was more evident in the nearshore waters from the Chang Jiang Estuary to the Qiantang Estuary. The dissolved oxygen in the adjacent waters of the Chang Jiang Estuary registered no significant acidification trend in the summers of 2005-2021. In the summer of 2021, the lowest dissolved oxygen content in the bottom layer of the Chang Jiang Estuary was 1.30 mg/L, and there was low oxygen in the Chang Jiang Estuary.

During 1980-2021, surface air temperature (SAT) along the China coast exhibited a significantly increasing trend, with the fastest warming found along the coast of ECS and lowest along the coast of SCS. The SAT was 0.8 ℃ higher than normal for 2021, ranking the second warmest since 1980; wind speed along the China coast had decreased, with the largest decline rate along the coast of ECS and the smallest along the Bohai Sea coast. Both the sensible heat flux and latent heat flux in China's coastal areas showed downward trends.

During 1982-2021, the frequency, duration and cumulative intensity of annual average marine heatwaves (MHWs) in China's offshore waters all showed significant increasing trends. In 2021, 99.5% of the China seas experienced at least one MHW, and MHWs in Bolai Bay, Jiangsu offshore, Zhejiang offshore and northern SCS over 150 days, which had an impact on the marine ecosystem and fishery resources.

During 1980-2021, both the annual extreme water level and the annual maximum surge along the China coast showed significant upward trends. The annual maximum surge along the China coast mainly occurred from July to September. Most of the annual maximum surges were caused by typhoon storm surge. The disastrous storm surge events in China's coastal areas showed an increasing trend from 2000 to 2021.

Summary

There were 16 storm surges in China's coastal areas for 2021, including 9 disastrous storm surges. In 2021, there were 35 disastrous wave events with significant wave heights of 4.0 m or above in China seas, including 11 disastrous typhoon wave events. The accumulated intensity of the high-temperature extremes along the China coast was 3.4 ℃ •days higher than normal, and the cumulated intensity of the high-temperature extremes along the coast of the SCS was 19.8℃ •days higher than normal, which is the second-highest since 1980.

From 1980 to 2021, the minimum temperature of the southern Yellow Sea cold water mass in August showed an upward trend, and the changing trend of the minimum temperature in August of the northern Yellow Sea cold water mass showed a slight upward trend. In 2021, the minimum temperature of the northern Yellow Sea cold water mass in August was 0.46℃ higher than normal, and that of the southern Yellow Sea cold water mass in August was 0.40℃ higher than normal, reaching the eleventh and the eighth warmest temperature since 1980, respectively. From 2000 to 2021, the surface flow of Kuroshio into the ECS and SCS showed a downward trend and a slight upward trend, respectively.

From 1961 to 2021, the intensity of the East Asian summer monsoon generally showed a decreasing trend, and the inter-annual and inter-decadal fluctuations of the East Asian winter monsoon were obvious. In 2021, the East Asian summer monsoon was stronger than that in 2020, and the intensity of the East Asian winter monsoon is close to normal; the Western North Pacific Subtropical High in summer was larger in area, stronger in intensity, and slightly westward in its ridge point than normal; the Arctic Oscillation in winter has a negative phase and was stronger than normal.

From 1950 to 2021, there were 21 El Nino events and 17 La Nina events, among which, from August 2020 to April 2021, a La Nina event with moderate intensity occurred in the equatorial Middle East and the Pacific Ocean. In September 2021, it entered the La Nina state again and continued until September 2022. From 1997 to 2021, Atlantic Multidecadal Oscillation (AMO) was in a warm phase.

第1章 全球海洋状况

从全球气候变化看，自 1750 年以来由人类活动造成的全球温室气体浓度增加，导致大气圈、海洋圈、冰冻圈和生物圈均发生了广泛而迅速的变化。近期的变化规模及现状是几个世纪甚至几千年来所未有的。当前全球大气二氧化碳平均浓度达到过去 200 万年以来的最高位，近 50 年全球表面温度升温速率为过去 2000 年中最快。全球海洋持续变暖，自 20 世纪 80 年代以来，开阔海洋表层 pH 呈持续下降趋势，北极海冰面积在所有月份均呈下降趋势，近 10 年北极夏季海冰面积可能处于过去 1000 年最低位。气候变暖下的海洋热膨胀和冰川冰盖融化等导致全球海平面加速上升，20 世纪以来，海平面上升速率超过 3000 年以来的任何一个世纪（IPCC，2021）。

1.1　全球表面温度

观测和分析结果表明，全球变暖趋势进一步持续。2021 年，全球平均表面温度比工业化前水平（1850~1900 年平均值）高 1.11℃ ± 0.13℃（WMO，2022），过去 7 年（2015~2021 年）是有观测记录以来最暖的 7 年；过去五十年（1972~2021 年），全球平均表面温度呈显著上升趋势，平均每 10 年上升约 0.19℃（图 1.1）。

2021 年，全球平均表面温度变化区域特征明显。与 1981~2010 年平均值相比，北美洲大部、格陵兰岛、非洲北部、中东和东亚等区域表面温度偏高，其中北美洲和格陵兰岛部分区域表面温度偏高 2℃以上；表面温度偏低的区域包括澳大利亚局部、非洲南部和北美洲西北部的部分区域；其中南美洲西部和西南部部分区域表面温度偏低 1℃以上（WMO，2022）（图 1.2）。

第1章 全球海洋状况

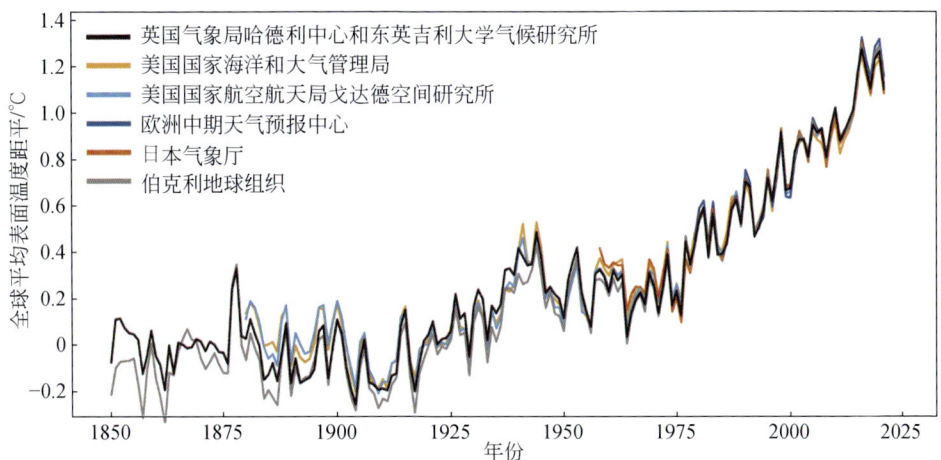

图 1.1　1850~2021 年全球平均表面温度距平（相对于 1850~1900 年平均值）

根据 WMO《2021 年全球气候状况》改绘

Figure 1.1　Global mean surface temperature anomalies from 1850 to 2021

(relative to 1850-1900 average)

Modified from WMO *State of the Global Climate 2021*

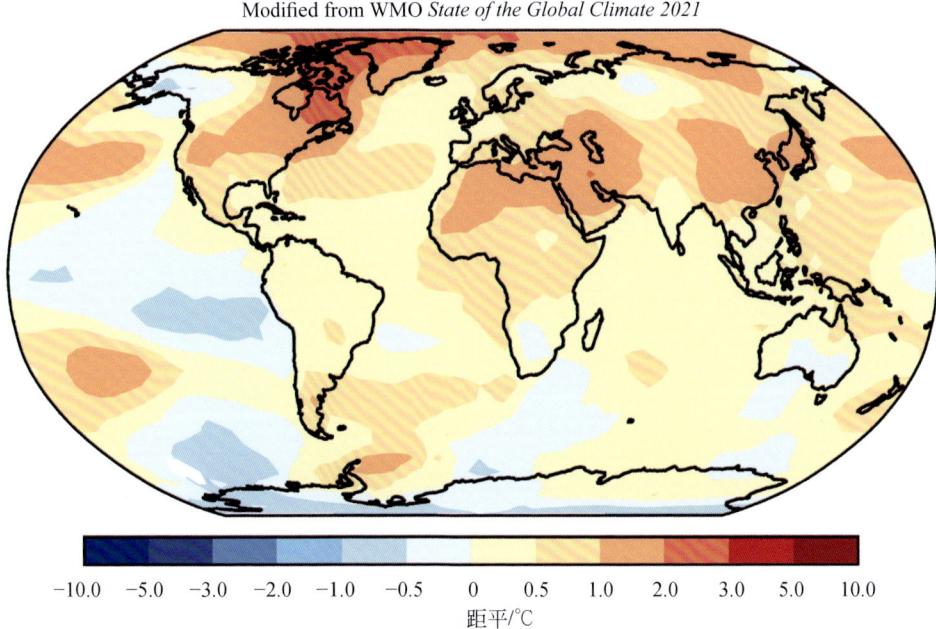

图 1.2　2021 年全球表面温度距平分布（相对于 1981~2010 年平均值）

引自 WMO《2021 年全球气候状况》

Figure 1.2　Global annual mean surface temperature anomalies for 2021

(relative to 1981-2010 average)

Cited from WMO *State of the Global Climate 2021*

1.2 海表温度

1870~2021 年，全球平均海表温度总体呈显著上升趋势，并伴随着年际和年代际振荡。20 世纪 80 年代以来，十年平均海表温度呈梯度上升，2013 年之后海温持续偏高，2012~2021 年平均值（0.11℃）高于 1870 年以来的任何一个十年。2021 年，全球平均海表温度较 1870~1900 年平均值高 0.59℃，较常年高 0.10℃，是自 1870 年以来第六暖的年份，仅低于 2016 年（第一高）、2015 年（第二高）、2019 年（第三高）、2020 年（第四高）和 2017 年（第五高）（图 1.3）。

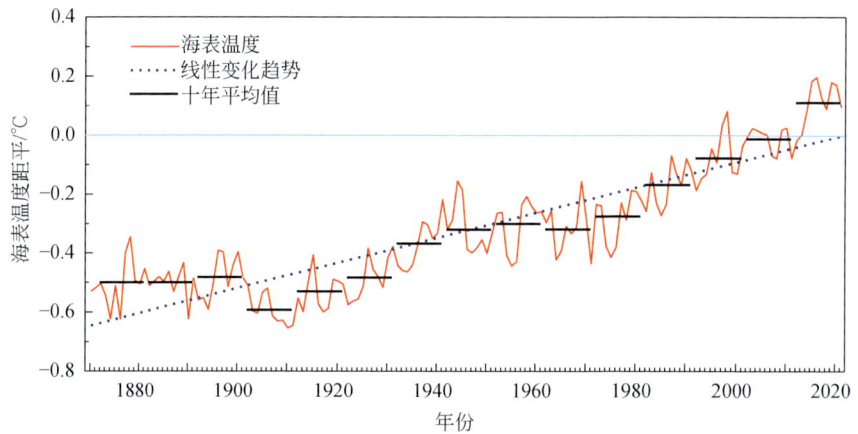

图 1.3　1870~2021 年全球平均海表温度距平
（如无特殊说明，距平值为相对于 1991~2020 年平均值）
数据来源：英国气象局哈德利中心

Figure 1.3　Global mean sea surface temperature anomalies (SSTA) from 1870 to 2021
(unless otherwise specified, the anomaly value is relative to the average value from 1991 to 2020)
Data source：United Kingdom Met Office Hadley Centre

2021 年，全球平均海表温度变化区域特征明显。与常年相比，北冰洋喀拉海和拉普捷夫海大部海域海表温度高 0.5℃以上，局部海域高 1.5℃以上；北太平洋中部和南太平洋中部海域海表温度高 0.5℃以上，局部海域高 1.0℃以上；大西洋海域海表温度总体偏高，西北部局部海域高 1.0℃以上。中国近海海表温度均偏高，其中渤海、黄海和东海高 0.5~1.0℃。赤道中东太平洋海域海表温度偏低，局部海域偏低 1.0℃以上（图 1.4）。

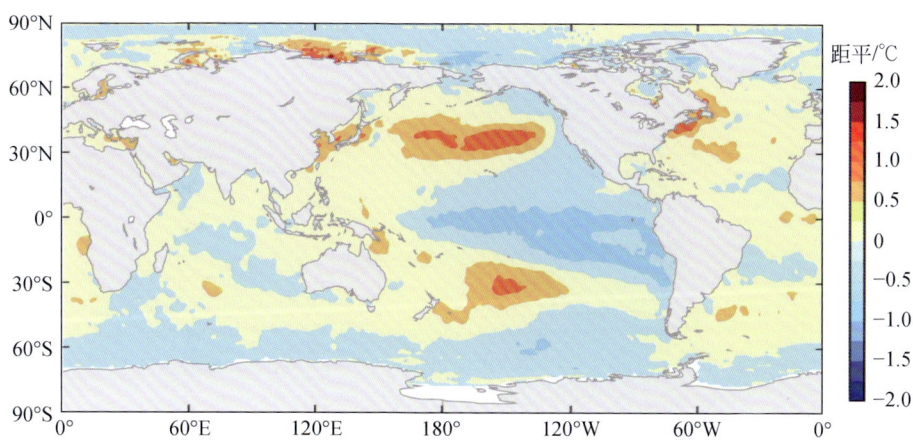

图 1.4 2021 年全球海表温度距平分布

数据来源：英国气象局哈德利中心

Figure 1.4 Distribution of global annual mean SSTA for 2021

Data source: United Kingdom Met Office Hadley Centre

黑潮延伸体海域（31°N~38°N，142°E~160°E）汇聚了从北太平洋副热带输送来的能量与热量，对中国近海海洋气候环境影响显著。1960~2021 年，黑潮延伸体的年平均海表温度总体呈显著上升趋势，上升速率为 0.10℃/10 年，高于全球平均水平（0.08℃/10 年）。2021 年，黑潮延伸体年平均海表温度较常年高约 0.2℃，比 2020 年低约 0.5℃，为 1960 年以来的第七高（图 1.5）。

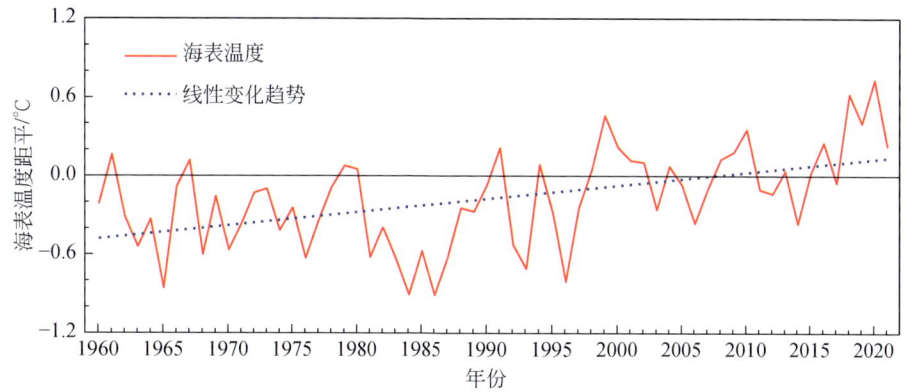

图 1.5 1960~2021 年黑潮延伸体平均海表温度距平

数据来源：英国气象局哈德利中心

Figure 1.5 Annual mean SSTA in the Kuroshio Extension from 1960 to 2021

Data source: United Kingdom Met Office Hadley Centre

印太暖池（10°S~10°N，50°E~150°E）是热带西太平洋及热带东印度洋常年海表温度在28℃以上的暖海区，是全球大气对流强烈的区域，也是与中国近海海洋气候环境关系密切的海区之一。1960~2021年，印太暖池的年平均海表温度总体呈显著上升趋势，上升速率为0.13℃/10年，高于全球平均水平（0.08℃/10年）。2021年，印太暖池年平均海表温度较常年高约0.1℃，比2020年低约0.2℃，为1960年以来的第六高（图1.6）。

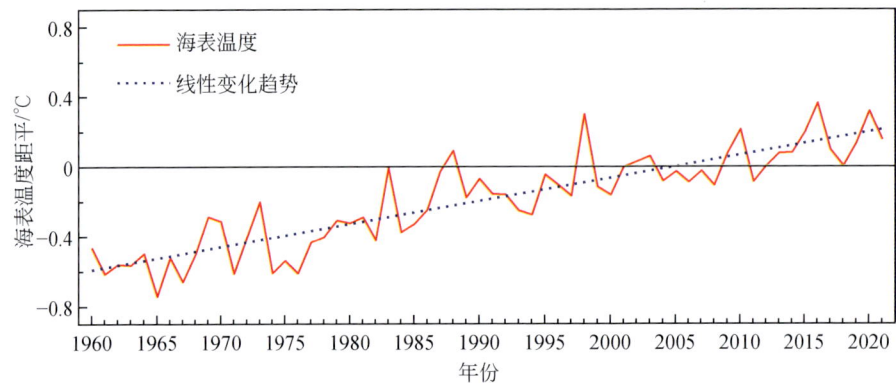

图1.6 1960~2021年印太暖池平均海表温度距平
数据来源：英国气象局哈德利中心
Figure 1.6 Annual mean SSTA in the Indo-Pacific Warm Pool from 1960 to 2021
Data source：United Kingdom Met Office Hadley Centre

1.3 海洋热含量

1955~2021年，0~700米和0~2000米全球平均海洋热含量均呈显著增加趋势，增加速率分别为$3.7×10^{22}$~$3.9×10^{22}$焦/10年和$5.7×10^{22}$~$6.0×10^{22}$焦/10年。1985~2021年，0~700米和0~2000米全球平均海洋热含量增长加速，增加速率分别为$5.4×10^{22}$~$6.2×10^{22}$焦/10年和$8.8×10^{22}$~$9.2×10^{22}$焦/10年。2021年，全球平均海洋热含量比2020年增加$1.0×10^{22}$~$1.1×10^{22}$焦（0~700米）和$1.4×10^{22}$~$1.7×10^{22}$焦（0~2000米），均创历史新高（图1.7）。

第1章 全球海洋状况

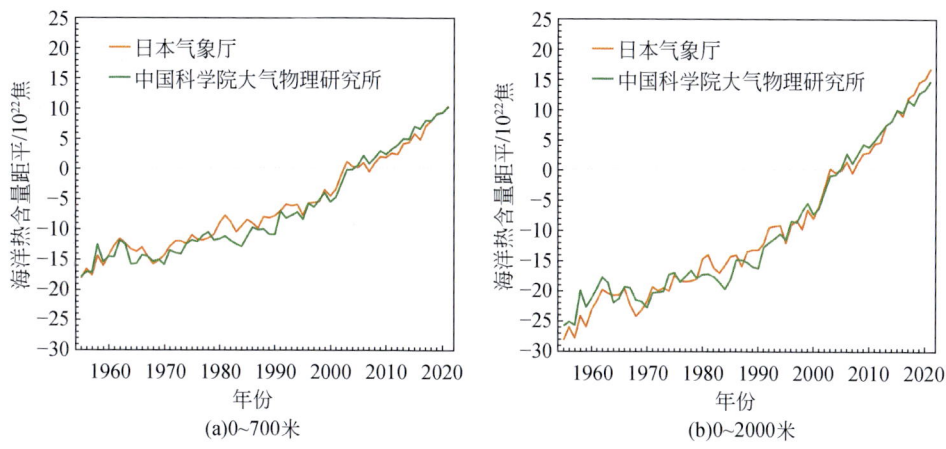

图1.7 1955~2021年全球平均海洋热含量距平

Figure 1.7 Global ocean heat content (OHC) anomalies from 1955 to 2021

(a) upper 700 m and (b) upper 2000 m

2021年，0~700米和0~2000米全球平均海洋热含量变化区域特征均显著且分布相似（Cheng et al.，2022）。与常年相比，格陵兰岛东南海域仍然明显偏低，大西洋大部、北太平洋北部、印度洋北部以及南大洋（30°S以南）大部海洋热含量均偏高，其中黑潮延伸体、巴布亚新几内亚东部、湾流以及南大西洋局部海域热含量距平达到4×10^9焦/米^2（图1.8）。与2020年相比，2021年，0~700米和0~2000米全球平均海洋热含量在西太平洋、东印度洋和中高纬度大西洋等区域均上升，而在东太平洋和印度洋中西部等区域则下降。

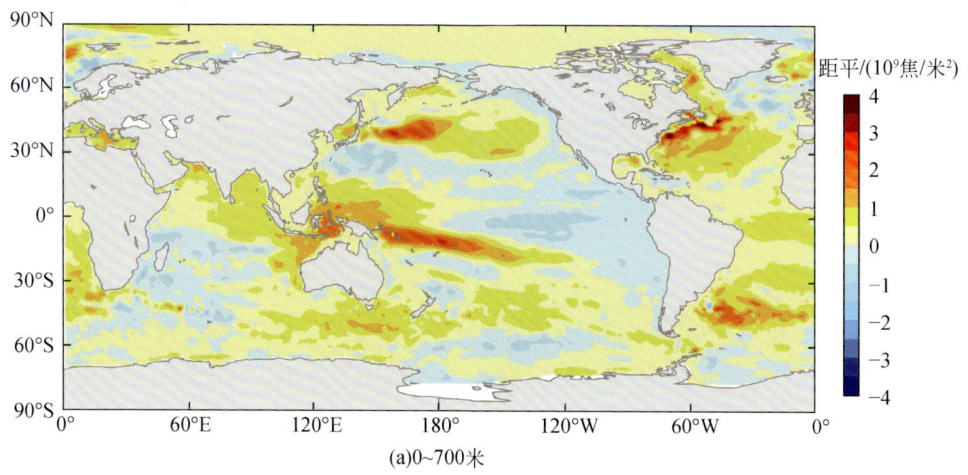

11

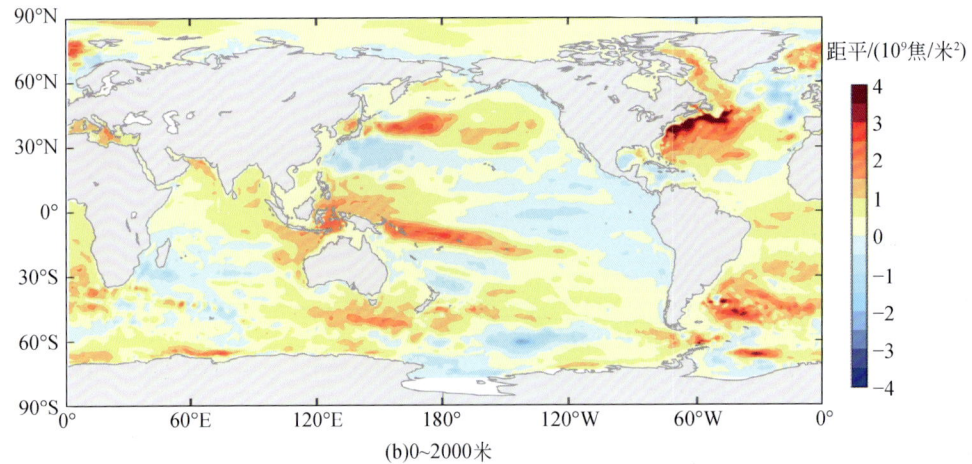

图 1.8　2021 年全球海洋热含量距平分布

数据来源：中国科学院大气物理研究所

Figure 1.8　Distribution of global OHC anomalies for 2021

(a) upper 700 m and (b) upper 2000 m

Data source: Institute of Atmospheric Physics, Chinese Academy of Sciences

1.4　海　平　面

全球海平面上升主要是由气候变暖导致的海洋热膨胀、冰川冰盖融化、陆地水储量变化等因素造成的。19 世纪中叶以来，全球海平面上升速率远高于过去两千年的平均上升速率，且在 20 世纪以来呈加速上升趋势（IPCC，2013；Church and White，2015）。1901~2018 年，全球平均海平面上升约 0.20 米；1971~2018 年上升速率为 2.3 毫米 / 年，1993~2018 年上升速率为 3.3 毫米 / 年，2006~2018 年上升速率为 3.7 毫米 / 年，其中 2006~2018 年陆地冰（冰川和冰盖）成为全球海平面上升的主要贡献因子，贡献率达到 44.8%（IPCC，2021）。

1993~2021 年，全球平均海平面上升速率约为 3.3 毫米 / 年（图 1.9），区域特征明显。南半球海平面上升速率总体高于北半球，太平洋西部海平面上升速率总体高于东部。赤道太平洋西部、北太平洋西北部、南太平洋中纬度大部、南大西洋南部、马达加斯加至澳大利亚海域海平面上升速率较高，为 4~8 毫米 / 年；热带和亚热带的东太平洋及大西洋海域总体上升速率较小，仅为 0~2 毫米 / 年；南太平洋中高纬度局部海域海平面呈明显下降趋势，下降速率为 2~4 毫米 / 年。

第1章 全球海洋状况

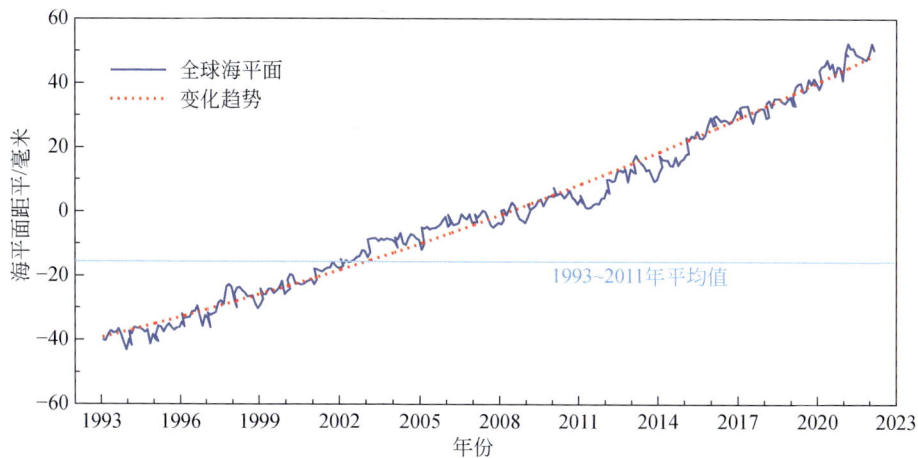

图1.9 1993~2021年全球平均海平面距平（相对于1993~2011年平均值）

Figure 1.9 Global mean sea level anomalies from 1993 to 2021 (relative to 1993-2011 average)

2021年，全球平均海平面较2020年高2.6毫米，处于有卫星观测记录以来的最高位。印太暖池、东北太平洋海域海平面明显偏高约10~20毫米，北冰洋、南大洋局部海域海平面偏低；受中尺度涡的影响，黑潮延伸体、湾流、南极绕极流海域存在局部海平面异常偏高或偏低的现象（图1.10）。

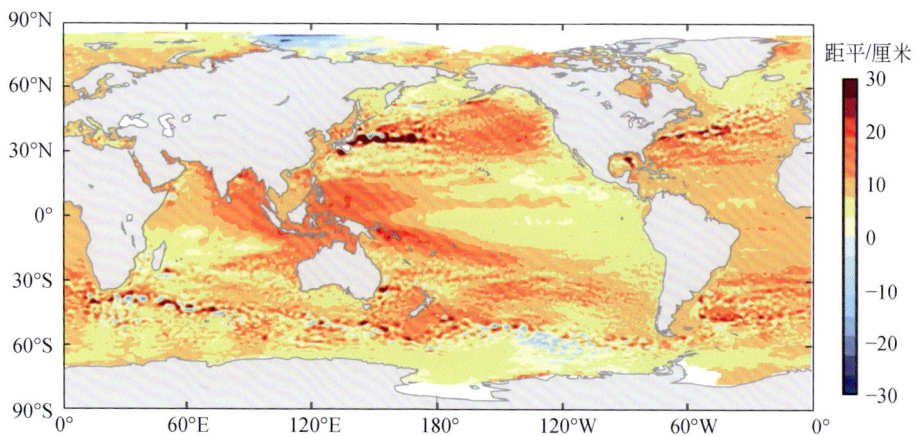

图1.10 2021年全球海平面距平分布（相对于1993~2011年平均值）

Figure 1.10 Distribution of global mean sea level anomalies for 2021 (relative to 1993-2011 average)

1993~2021年,黑潮延伸体平均海平面总体呈显著上升趋势,上升速率为6.6毫米/年,明显高于同期全球平均水平,2021年达到有卫星观测记录以来的最高[图1.11(a)]。

1993~2021年,热带西太平洋暖池(简称西太暖池)(10°S~10°N,130°E~180°E)平均海平面呈波动上升趋势,上升速率为4.7毫米/年,明显高于同期全球平均水平,2021年达到有卫星观测记录以来的最高[图1.11(b)]。

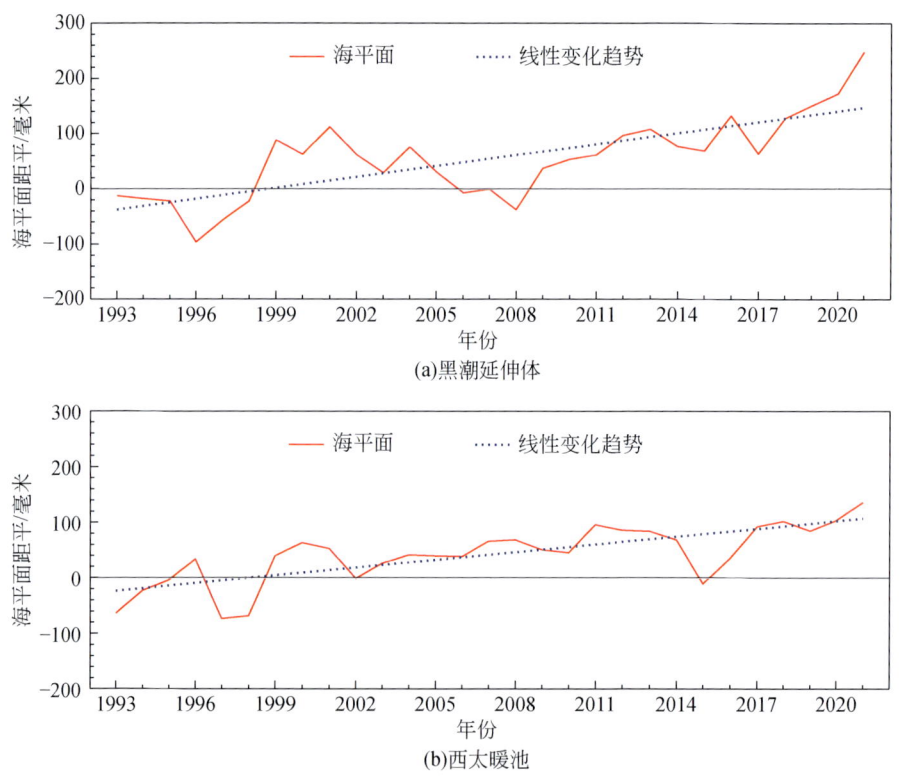

图1.11　1993~2021年海平面距平(相对于1993~2011年平均值)

Figure 1.11　Sea level anomalies in the (a) Kuroshio Extension and (b) Western Pacific Warm Pool from 1993 to 2021 (relative to 1993-2011 average)

1.5　海　　冰

海冰是冰冻圈的重要组成部分,其反照率高,对海洋与大气之间的热量和水汽交换及地球系统的能量平衡有抑制作用，并为多种生物提供栖息地。海冰消融通过调整高纬度地区海洋大气的热量收支和大气环流，进而影响高寒地区生态系统、海岸线稳定性和人居环境，并通过遥相关与复杂的反馈过程影响中、低纬地区的天气气候系统（Alexander et al.，2004；Wu et al.，2004；康建成等，2005）。北极海冰范围（海冰密集度≥15%的区域）通常在3月（9月）达到年度最大值（最小值），南极海冰范围通常在9月（2月）达到年度最大值（最小值）。

（1）北极海冰

1979~2021年，北极海冰范围在各月均呈减小趋势，减小速率存在明显季节差异。9月（夏季）北极海冰范围的减小速率最大，年变化量约为8.1万平方千米；3月（冬季）海冰范围的减小速率最小，年变化量约为4.0万平方千米。2021年，9月北极海冰范围为495万平方千米，较1981~2010年同期小146万平方千米，为1979年以来第十二低；3月北极海冰范围为1466万平方千米，较1981~2010年同期小77万平方千米，为1979年以来第九低（图1.12）。其中海冰最小范围出现在9月16日，为472万平方千米；海冰最大范围出现在3月21日，为1480万平方千米（WMO，2022）。

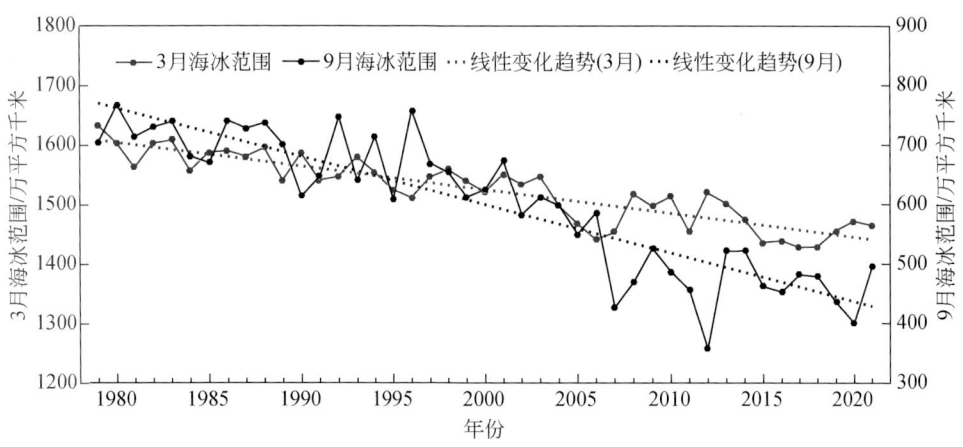

图1.12　1979~2021年3月和9月北极海冰范围

数据来源：美国国家冰雪数据中心（NSIDC）

Figure 1.12　The Arctic sea ice extent in March and September from 1979 to 2021

Data source: US National Snow and Ice Data Center

（2）南极海冰

1979~2021年，南极海冰范围变化趋势总体不显著，但阶段性特征明显。1979~2014年，南极海冰范围波动上升，2014~2017年，海冰范围逐年减小明显。2021年，2月南极海冰范围为289万平方千米，较1981~2010年同期小18万平方千米；9月海冰范围为1851万平方千米，较1981~2010年同期大2万平方千米（图1.13）。其中海冰最小范围出现在2月19日，为260万平方千米；海冰最大范围出现在8月30日，为1880万平方千米（WMO，2022）。

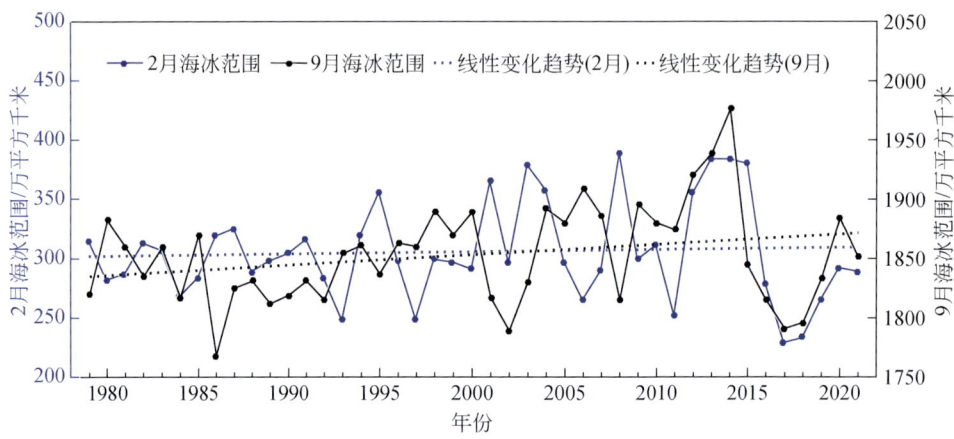

图 1.13　1979~2021年2月和9月南极海冰范围
数据来源：美国国家冰雪数据中心（NSIDC）

Figure 1.13　The Antarctic sea ice extent in February and September from 1979 to 2021
Data source: US National Snow and Ice Data Center

1.6　海洋环流

海洋环流是地球物质和能量再分配的主要动力过程，对海洋环境和气候系统具有重要作用。自20世纪90年代以来，全球平均环流存在显著加速趋势，平均每10年增加15%，但存在显著区域差异（Hu et al.，2020）。2004~2017年，大西洋经向翻转环流与工业化前水平相比呈现出减缓趋势（IPCC，2021）。

与1993~2007年平均值相比，2021年赤道太平洋和赤道大西洋（5°S~5°N）表层纬向地转流距平以西向为主，分别在16厘米/秒和6厘米/秒左右，南赤道逆流较常年偏强。赤道太平洋北部海域和赤道大西洋北部海域（5°N~10°N）表层纬向地转流距平以东向为主，大部分海域为 5 厘米 / 秒和 2 厘米 / 秒。赤道印度洋附近海域表层纬向地转流距平以东向为主，大部分海域为 7 厘米 / 秒，该海域北赤道逆流较常年偏强（图 1.14）。

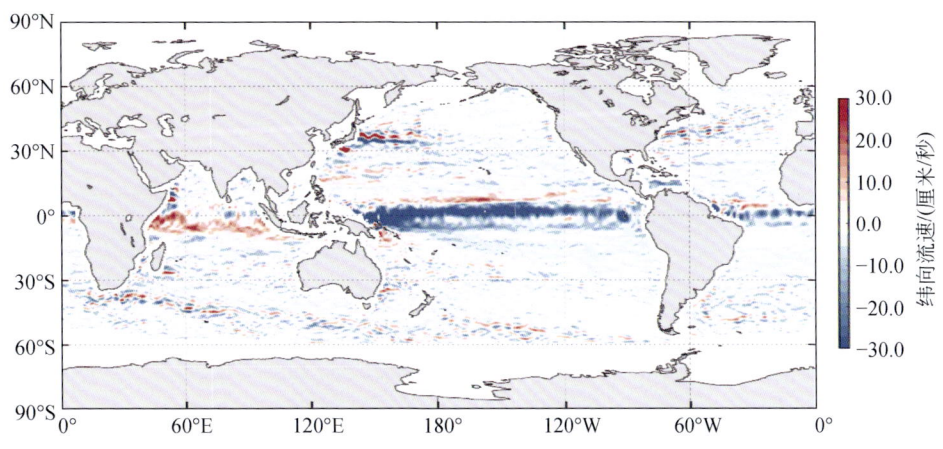

图 1.14　2021 年表层纬向地转流距平（相对于 1993~2007 年）

Figure 1.14　Surface geostrophic zonal current anomalies for 2021 (relative to 1993-2007 average)

1.7　海洋酸度

近 40 年来，人为二氧化碳排放是开阔海洋表层酸化的主要原因（IPCC，2021）。海洋每年约吸收人为二氧化碳排放的 23%，在减缓气候变化的同时，pH 不断降低（WMO，2021）。海洋酸化已经由海洋表层扩大到海洋内部，3000 米深层水中已经观测到酸化现象（Perez et al.，2018）。海洋酸化影响生物和生态系统服务功能，还危及渔业和水产养殖，进而威胁食物安全，极地区域受到的影响尤为显著（IPCC，2021）。

1750~2018 年，全球 70% 洋盆中海洋表层 pH 均不同程度下降，平均下降速率为（0.018 ± 0.004）/10 年（Blunden and Arndt，2020）。1765~1994 年，全球大洋表层海水平均 pH 下降了 0.08，其中北大西洋的北部海域 pH 下降幅度最大，约 0.1，亚热带南太平洋海域 pH 下降幅度最小，约 0.05（Orr et al.，2005）。

1985~2020年，全球海洋表层平均pH下降速率为0.016/10年（图1.15）。高纬度海域水温较低，对二氧化碳的缓冲能力更弱，因而其酸化比中纬度和低纬度海域更早发生。

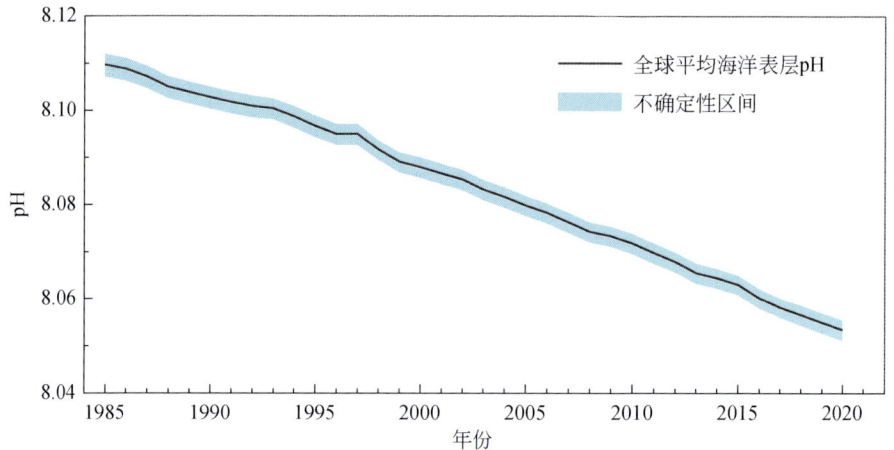

图1.15　1985~2020年全球平均海洋表层pH变化
图中浅蓝色表示不确定性区间
数据来源：哥白尼海洋环境监测中心（CMEMS）
Figure 1.15　Variation of global mean surface pH from 1985 to 2020
The light blue shaded area indicates the uncertainty interval
Data source: Copernicus Marine Environment Monitoring Service

1.8　溶　解　氧

溶解氧对海洋生态系统至关重要，既是各类海洋生物生长繁殖的基本需要，也影响着海洋中碳、氮、磷等元素的生物地球化学循环。20世纪中叶以来，全球许多海域观测到溶解氧含量降低以及低氧区面积扩大，其中太平洋和南大洋溶解氧含量降低趋势尤其显著（IPCC，2021）。气候变化是海洋溶解氧含量降低的主要原因（Breitburg et al.，2018），溶解氧含量变化的区域差异受自然气候变率、营养盐和气溶胶污染的影响（Ito，2016；Levin，2018）。

1970~2010年，开阔海洋（0~1000米）溶解氧含量降低了0.5%~3.3%，上层海洋（0~100米）和温跃层（100~600米）溶解氧含量分别降低0.2%~2.1%

和 0.7%~3.5%，大洋最小含氧带面积扩大了 3%~8%（Schmidtko et al.，2017；Bindoff et al.，2019）。太平洋、南大洋 65°S 以南和印度洋局部等海域溶解氧含量下降速率高于全球平均水平，1958~2018 年北太平洋（0~1550 米）溶解氧含量降低 20.4%±7.2%（Cummins and Ross，2020；IPCC，2021）。与开阔大洋相比，近岸缺氧面临着气候变化和人类活动的双重压力。1950 年以来，近岸海域低氧区（溶解氧含量低于 2 毫克/升）数量超过 500 个，90% 以上为新增区域，永久性低氧区也在不断增加（Breitburg et al.，2018）。

1.9 叶 绿 素

叶绿素 a 是海洋浮游植物进行光合作用的主要色素，其浓度是表征浮游植物现存量的重要指标。海洋浮游植物在全球尺度上影响着海洋碳循环，它们尽管只占地球生物圈初级生产者生物量的 0.2%，却提供了地球近 50% 的初级生产量（Behrenfeld et al.，2006）。全球叶绿素 a 浓度在中低纬度海域较低，高纬度海域较高，1998~2018 年，全球大部分海域叶绿素 a 浓度无明显趋势性变化，南北极部分海域年增幅超过 3%，热带、亚热带和温带部分海域的年变化幅度为 −3%~3%（IPCC，2021）。

与 2002 年 10 月至 2020 年 9 月平均值相比，2020 年 10 月至 2021 年 9 月，叶绿素 a 浓度空间分布特征明显，赤道西太平洋叶绿素 a 浓度上升明显，部分地区超过 40%；北太平洋、南太平洋和大西洋南部的大部分地区叶绿素 a 浓度下降明显，部分地区超过 20%。该分布特征与 2021 年发生的拉尼娜过程相关（Franz et al.，2022）。

第 2 章　中国海洋状况

在全球变暖背景下，中国近海海洋发生了显著变化。近 40 年来，中国近海海温和气温明显升高、海平面加速上升，且变化速率均高于全球同期平均水平；海冰冰量显著减少、近岸表层海洋总体呈酸化趋势、长江口季节性缺氧现象明显；海平面气压、沿海海面风速和海气热通量总体呈下降趋势；热相关极端事件趋多趋强，同时黄海冷水团和黑潮等典型海洋现象均发生不同程度的变化。

2.1　海洋要素

2.1.1　海表温度

（1）沿海海表温度

1980~2021 年，中国沿海海表温度呈波动上升趋势，上升速率为 0.28℃/10 年，2011 年之后升温趋势尤其显著，2015~2021 年连续七年处于高位；黄海和东海沿海海表温度上升速率较高，分别为 0.28℃/10 年和 0.31℃/10 年；渤海和南海沿海海表温度上升速率略低，分别为 0.24℃/10 年和 0.27℃/10 年（图 2.1）。

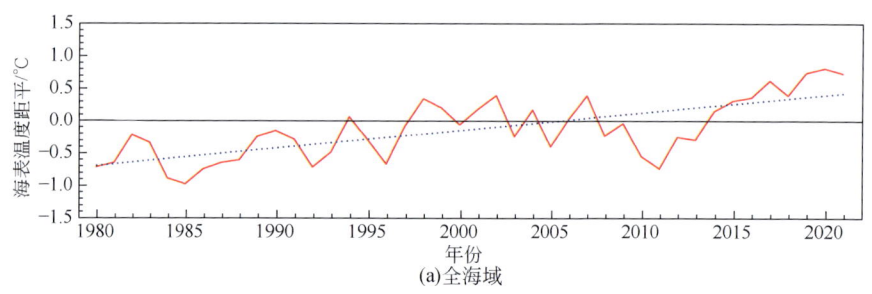

(a) 全海域

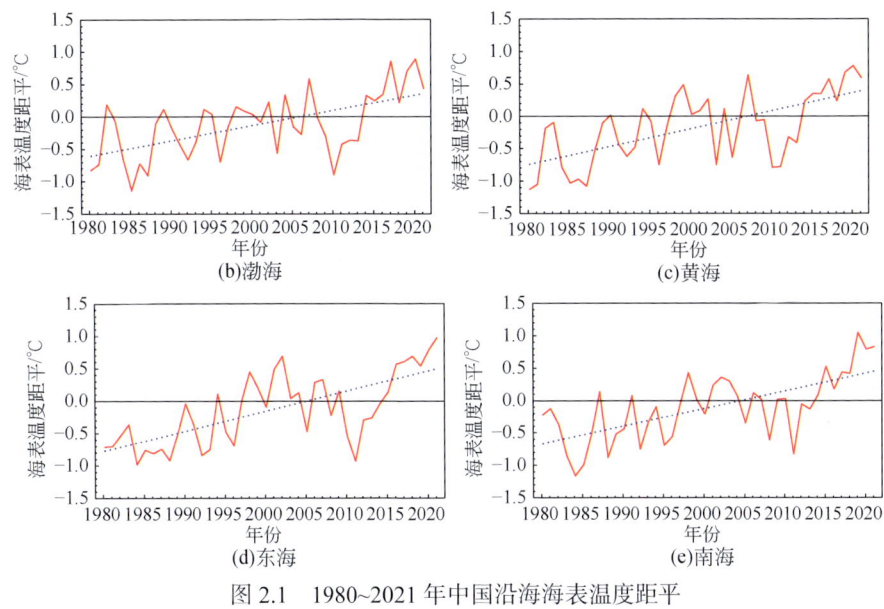

图 2.1　1980~2021 年中国沿海海表温度距平

点线为线性变化趋势线，下同

Figure 2.1　SSTA along the China coast from 1980 to 2021

(a) the China sea, (b) the Bohai Sea, (c) the Yellow Sea, (d) the East China Sea (ECS) and (e) the South China Sea (SCS)

Dotted line stands for the linear trend, the same below

2021 年，中国沿海海表温度为 1980 年以来第三高。与常年相比，中国沿海海表温度总体高约 0.73℃，渤海、黄海、东海和南海沿海分别高约 0.43℃、0.59℃、0.98℃和 0.83℃，分别为 1980 年以来第五高、第四高、第一高和第二高；与 2020 年相比，渤海沿海海表温度下降明显，降幅为 0.45℃，东海沿海海表温度上升 0.19℃（图 2.2）。

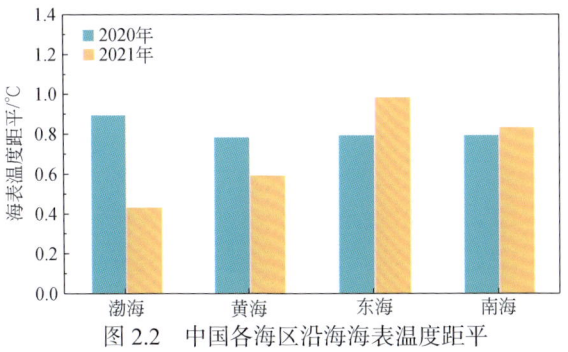

图 2.2　中国各海区沿海海表温度距平

Figure 2.2　SSTA along the each sea coastal regions of China

1960~2021 年，北隍城站、连云港站、坎门站和闸坡站海表温度均呈显著上升趋势，升温速率分别 0.09℃/10 年、0.22℃/10 年、0.18℃/10 年和 0.20℃/10 年。2021 年，连云港站和坎门站海表温度较常年分别高 0.96℃和 1.18℃，均为有完整观测记录以来最高，闸坡站较常年高 0.94℃，为有完整观测记录以来第二高，北隍城站较常年高 0.38℃（图 2.3）。

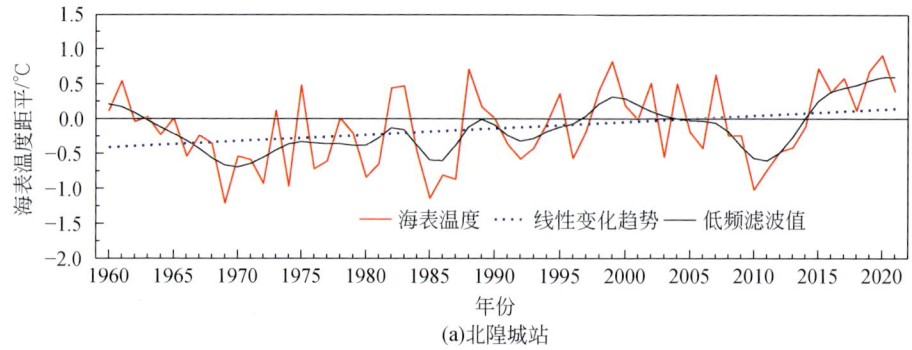

(a)北隍城站

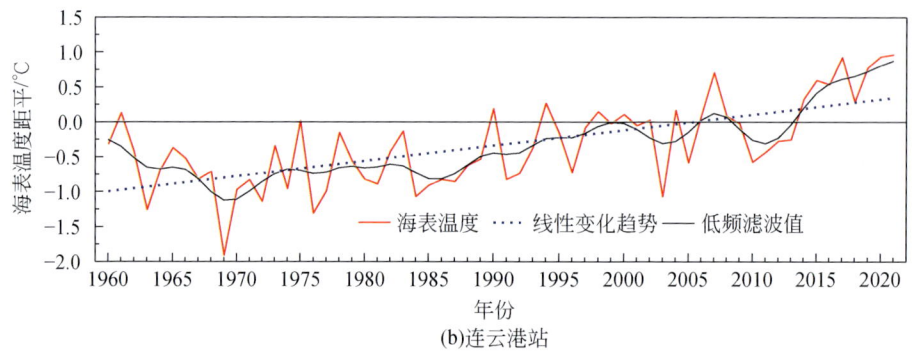

(b)连云港站

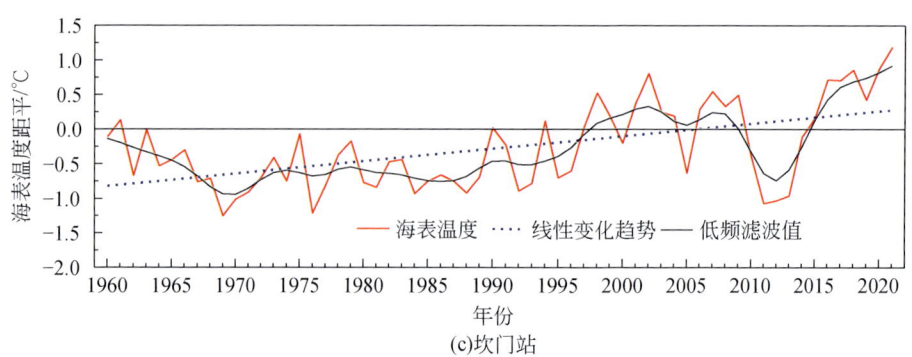

(c)坎门站

第2章 中国海洋状况

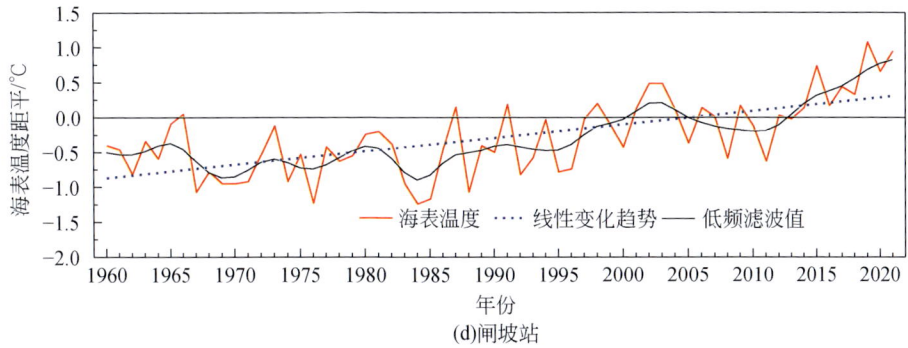

图 2.3 1960~2021年中国沿海代表站海表温度距平

黑线为低频滤波值曲线，即去除10年以下时间尺度变化的年代际波动，下同

Figure 2.3 SSTA at the representative marine stations along the China coast from 1960 to 2021

(a) Beihuangcheng, (b) Lianyungang, (c) Kanmen and (d) Zhapo

The black line indicates the low-frequency filtered curve obtained by removing the inter-annual changes under 10 years, the same below

2021年，中国沿海海表温度月际波动较大，区域差异明显。与常年同期相比，中国沿海9月海表温度高0.90℃，为1980年以来同期最高，7月、10月和12月海表温度分别高0.55℃、0.98℃和1.20℃，均为1980年以来同期第二高；另外，渤海和黄海沿海12月海表温度分别高1.92℃和1.49℃，均为1980年以来同期最高；东海2月、9月和10月海表温度分别高1.98℃、1.07℃和1.97℃，均为1980年以来同期最高；南海沿海5月和7月海表温度分别高1.41℃和0.96℃，均为1980年以来同期最高（图2.4）。

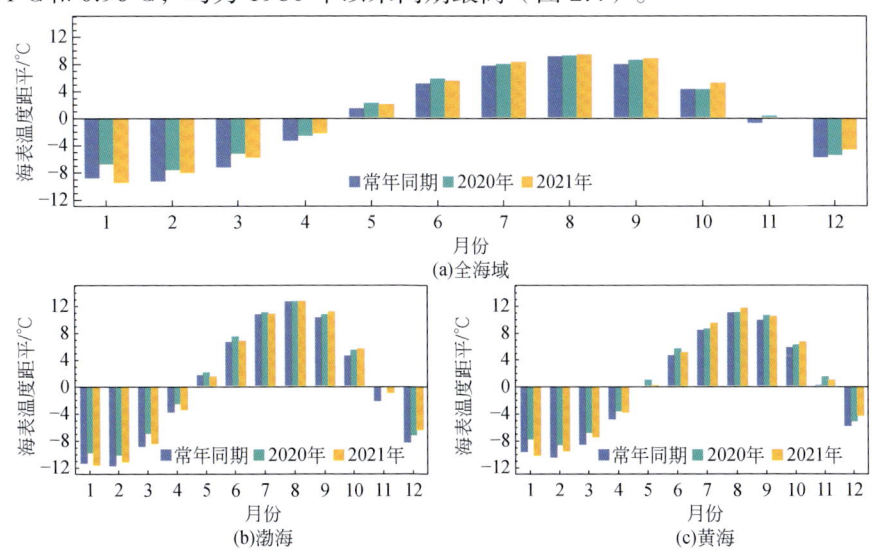

中国气候变化海洋蓝皮书（2022）

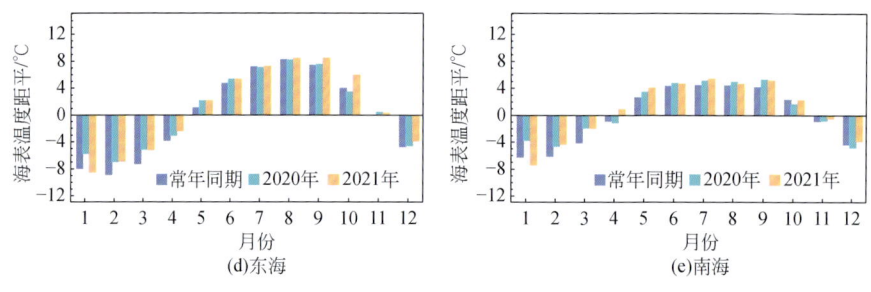

图 2.4　中国沿海海表温度月距平

Figure 2.4　Monthly SSTA along the China coast

(a) the China sea, (b) the Bohai Sea, (c) the Yellow Sea, (d) the ECS and (e) the SCS

（2）近海海表温度

1982~2021 年，中国近海海表温度呈波动上升趋势，上升速率为 0.20℃/10 年。海表温度长期变化趋势的区域特征明显，其中，渤海海表温度上升速率为 0.25℃/10 年；黄海为 0.19℃/10 年；东海为 0.23℃/10 年；南海为 0.18℃/10 年（图 2.5）。

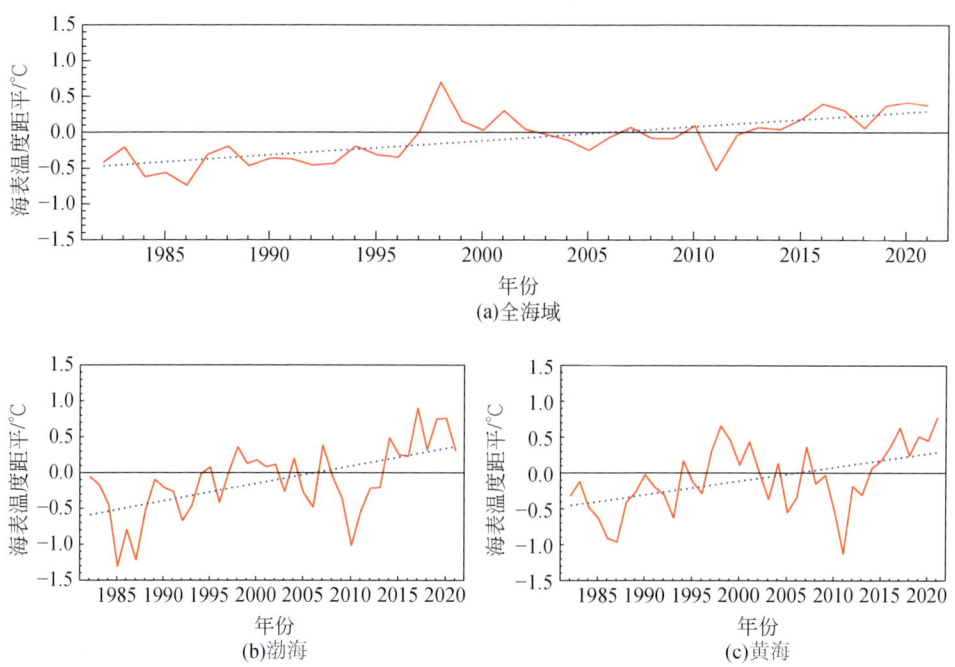

第 2 章 中国海洋状况

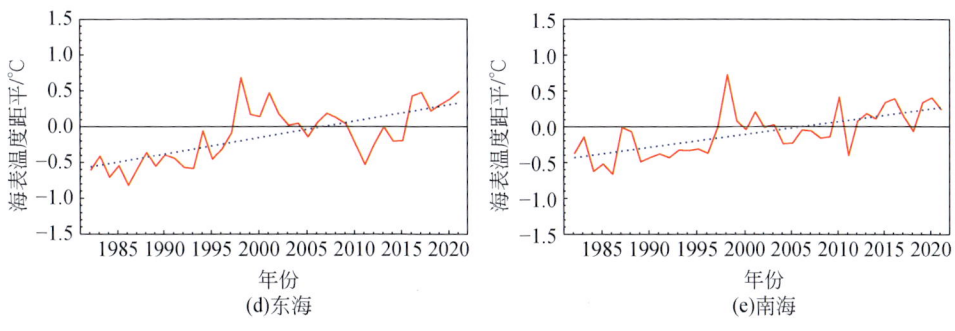

图 2.5 1982~2021 年中国近海海表温度距平
Figure 2.5 SSTA in the China offshore from 1982 to 2021
(a) the China sea, (b) the Bohai Sea, (c) the Yellow Sea, (d) the ECS and (e) the SCS

2021 年，中国近海海表温度总体较常年高约 0.38℃，为 1982 年以来第四暖年。与常年同期相比，2021 年中国近海海表温度季节和区域差异明显。冬季，黄海和东海大部、吕宋海峡西侧海域海表温度偏高，南海西南部海域偏低；春季，除渤海、黄海北部和南海南部海域外，海表温度总体偏高，其中南海北部海域偏高超过 1.0℃；夏季，东海大部海表温度偏低 0.2~0.8℃，渤海、黄海大部和南海南部海表温度偏高；秋季，渤海、黄海和南海大部海表温度偏高，东海东部海域海表温度偏低（图 2.6）。

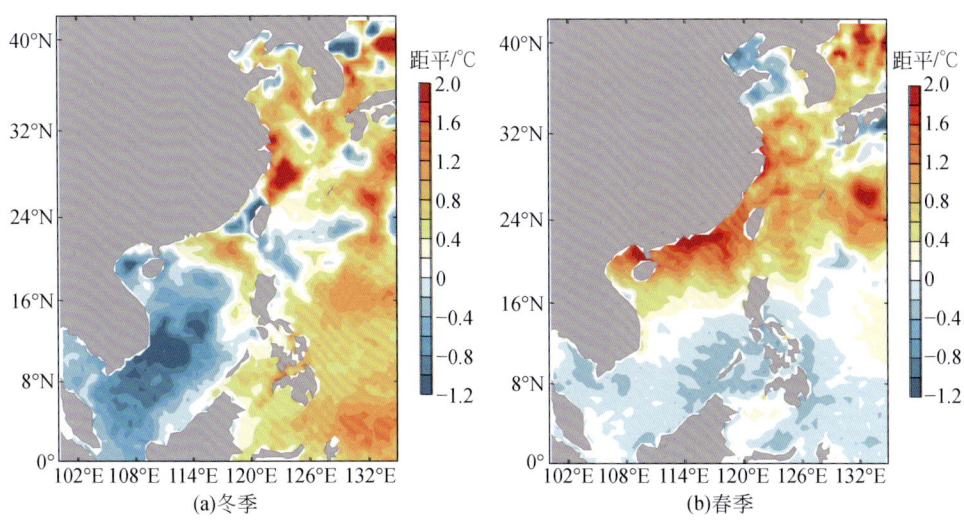

25

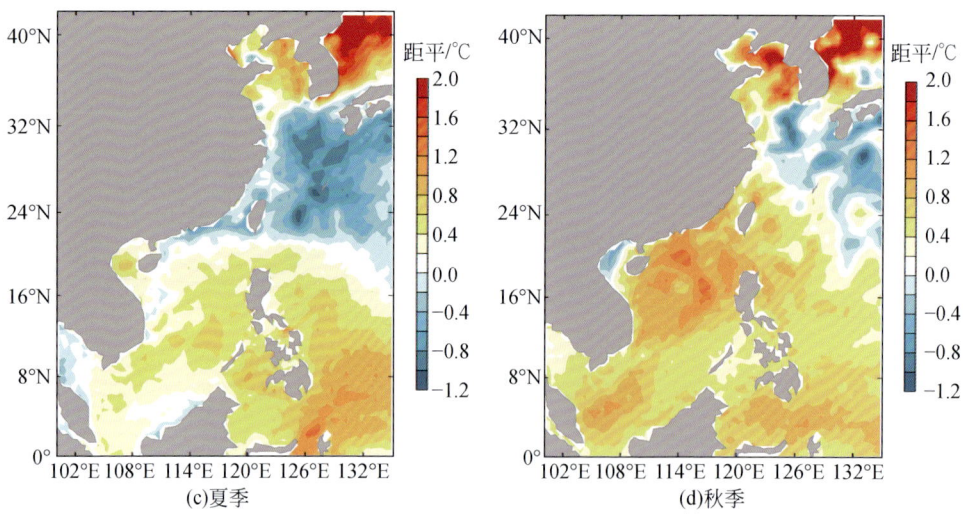

图 2.6　2021 年中国近海季节平均海表温度距平分布

Figure 2.6　Distribution of seasonal mean SSTA in the China offshore for 2021

(a) winter, (b) spring, (c) summer and (d) autumn

2.1.2　海表盐度

自 20 世纪 50 年代以来，海表盐度变化表现为蒸发强于降水的副热带海域海水变得更咸，而降水强于蒸发的热带和高纬度海域海水变得更淡。具体到海盆而言，大西洋变得更咸，而太平洋和南大洋变得更淡（IPCC，2021）。在全球气候变暖背景下，盐度变化指示了大尺度水循环和环流的变化，受蒸发、降水、大陆径流、沿岸流以及黑潮等过程的影响，中国近海盐度对气候变化的响应时空特征显著。

1980~2021 年，中国沿海海表盐度下降速率约为 0.12/10 年，黄海和南海沿海海表盐度总体低于常年，其中 2012 年海表盐度最低；黄海沿海海表盐度呈下降趋势，下降速率为 0.39/10 年；渤海、东海和南海沿海海表盐度无明显线性变化趋势（图 2.7）。

第2章 中国海洋状况

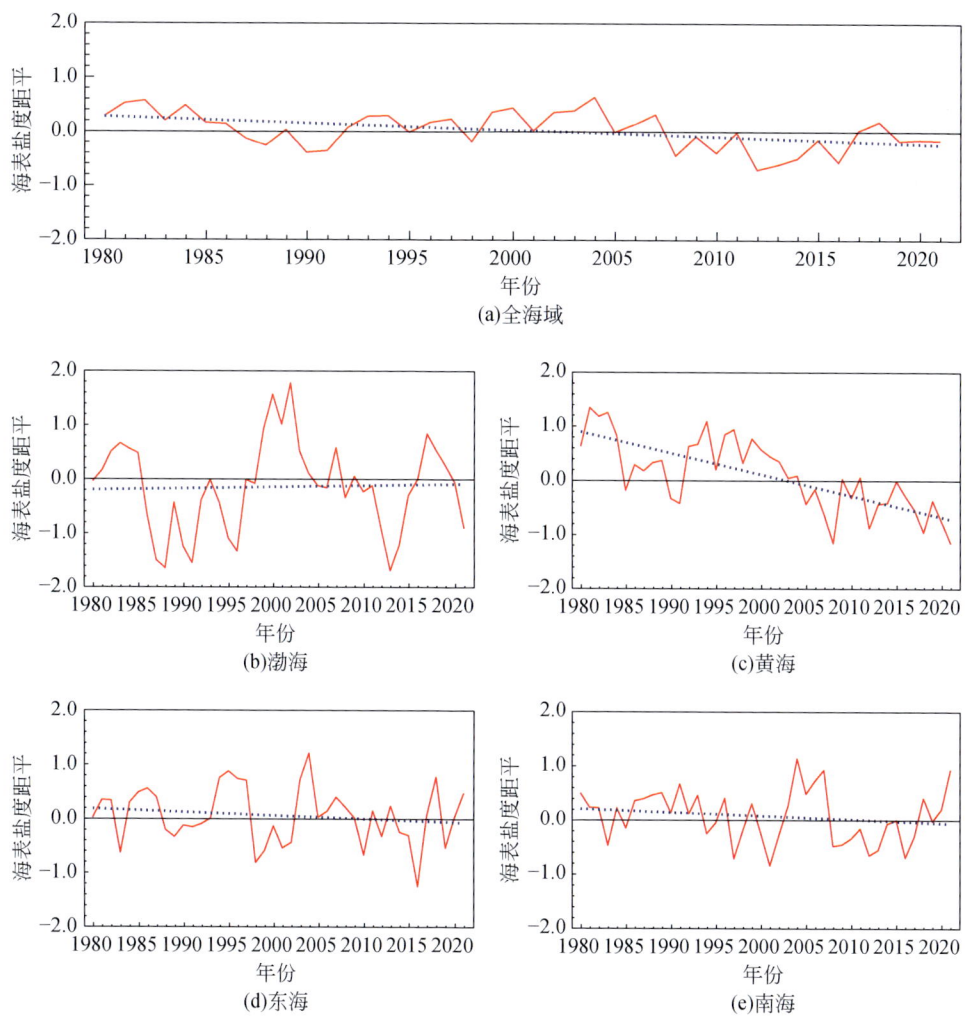

图 2.7　1980~2021 年中国沿海海表盐度距平

Figure 2.7　Sea surface salinity anomalies (SSSA) along the China coast from 1980 to 2021

(a) the China sea, (b) the Bohai Sea, (c) the Yellow Sea, (d) the ECS and (e) the SCS

2021年，中国沿海海表盐度较常年低约0.16，其中东海和南海沿海较常年分别高0.48和0.94，渤海和黄海沿海较常年分别低0.90和1.16；与2020年相比，中国沿海海表盐度下降约0.01，其中渤海和黄海沿海分别下降0.84和0.41，东海和南海沿海分别上升0.60和0.59（图2.8）。

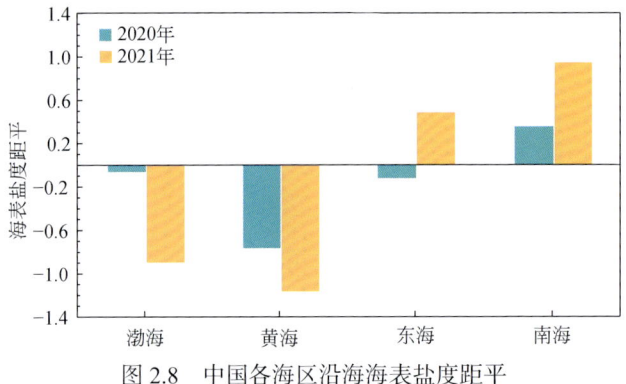

图 2.8 中国各海区沿海海表盐度距平

Figure 2.8　SSSA along the each sea coastal regions of China

2021年，中国沿海海表盐度月际波动较大，区域差异明显。与常年同期相比，中国沿海10月至12月海表盐度分别低1.02、1.03和0.87，均为1980年以来同期最低；渤海沿海11月和12月海表盐度分别低2.40和2.11，均为1980年以来同期最低；黄海沿海9月、11月和12月海表盐度较常年同期分别低3.41、2.11和2.03，均为1980年以来同期最低；东海沿海5月海表盐度高1.20，为1980年以来同期第三高；南海沿海6月、7月和9月海表盐度较常年同期分别高1.87、2.50和1.80，均为1980年以来同期最高（图2.9）。

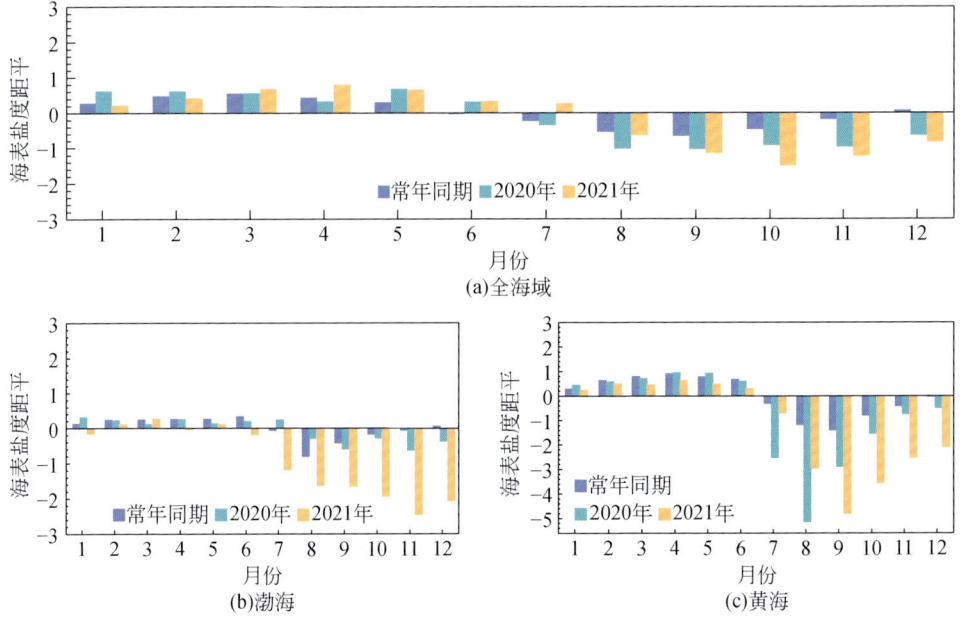

第 2 章 中国海洋状况

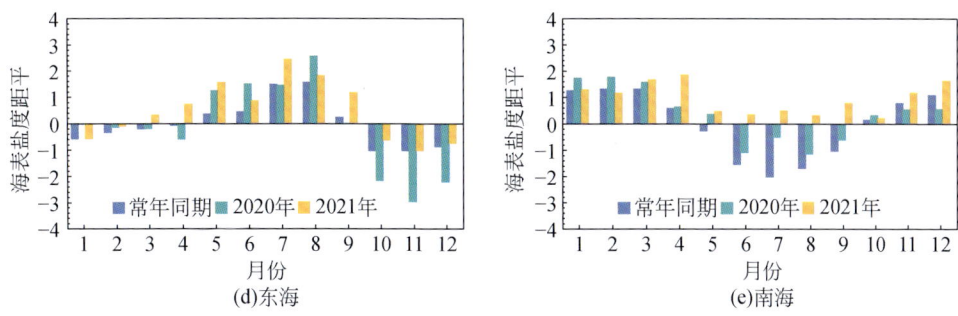

图 2.9 中国沿海海表盐度月距平

Figure 2.9 Monthly SSSA along the China coast

(a) the China sea, (b)the Bohai Sea, (c) the Yellow Sea, (d) the ECS and (e) the SCS

2.1.3 潮位

海平面上升和人为活动等改变水深和海岸形态，影响近海潮波系统，导致沿海潮汐特征发生明显变化。1980年以来，中国沿海平均高高潮位和平均低低潮位总体均呈上升趋势，平均大的潮差总体呈增大趋势，并具有明显的区域特征。

（1）平均高高潮位

1980~2021年，中国沿海平均高高潮位总体呈明显上升趋势，上升速率为4.5毫米/年，其中杭州湾沿海上升速率最大，为12.3毫米/年；山东南部和江苏沿海次之，为6.6~8.8毫米/年；珠江口、广西和海南西部沿海上升速率较小，为1.1~2.0毫米/年。与1993~2011年平均值相比，2021年中国沿海平均高高潮位总体高11厘米，其中杭州湾沿海升幅最大，为33厘米；辽东湾西北部、山东半岛北部和江苏南部沿海次之，为19~21厘米；浙江中部、福建南部、广东和海南西部沿海升幅较小，为4~6厘米（图2.10和图2.11）。

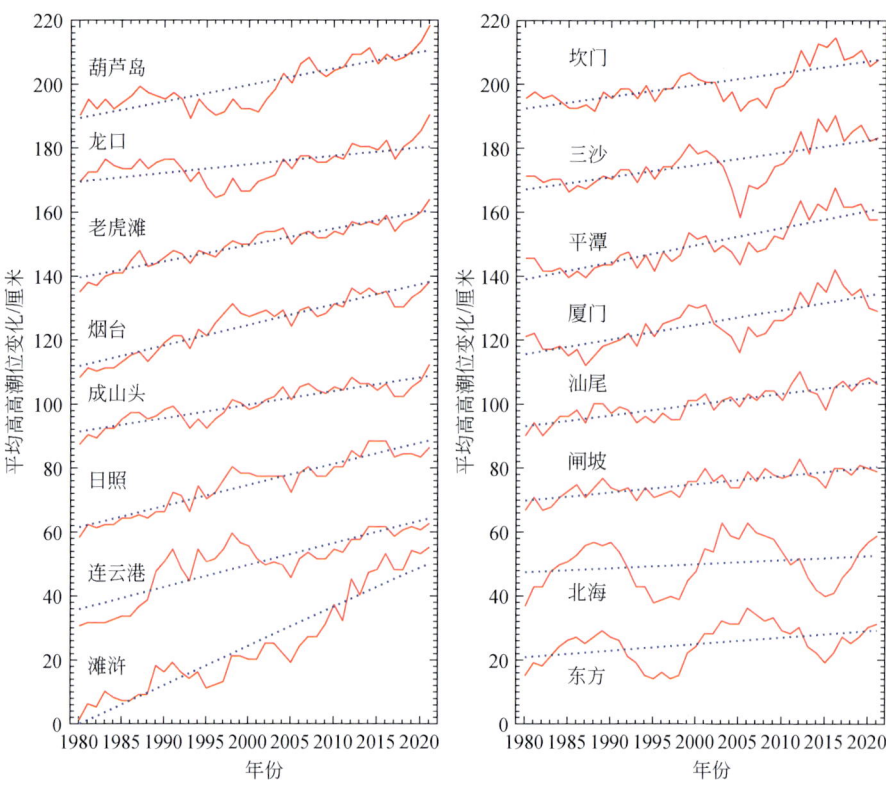

图 2.10 1980~2021年中国沿海代表站平均高高潮位变化

Figure 2.10 Variations of mean higher high tide level at representative tide gauge stations along the China coast from 1980 to 2021

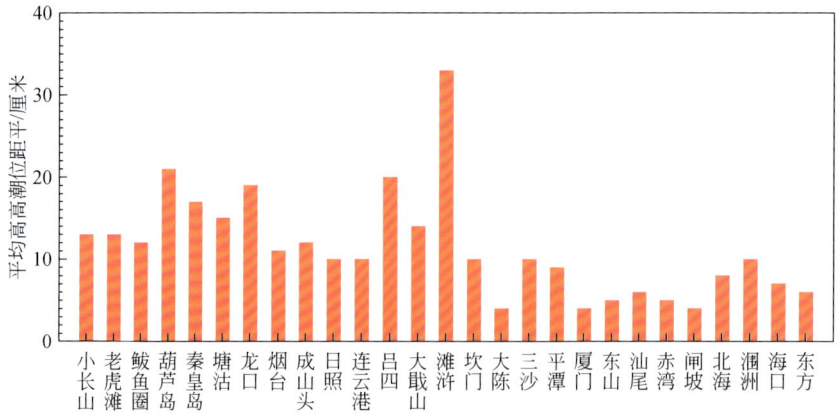

图 2.11 2021年中国沿海代表站平均高高潮位距平（相对于1993~2011年平均值）

Figure 2.11 Mean higher high tide level anomalies at representative tide gauge stations along the China coast for 2021 (relative to 1993-2011 average)

第2章 中国海洋状况

（2）平均低低潮位

1980~2021年，中国沿海平均低低潮位总体呈上升趋势，上升速率为2.5毫米/年，其中天津沿海上升速率最大，为8.2毫米/年；山东龙口沿海次之，为7.9毫米/年；杭州湾沿海呈下降趋势，下降速率为1.7毫米/年。与1993~2011年平均值相比，2021年中国沿海平均低低潮位变化区域特征明显，其中山东半岛北部沿海升幅最大，为17厘米；河北北部、天津和浙江中部沿海升幅也较大，为11~14厘米；杭州湾、福建南部和海南西部沿海下降明显，降幅为3~4厘米（图2.12和图2.13）。

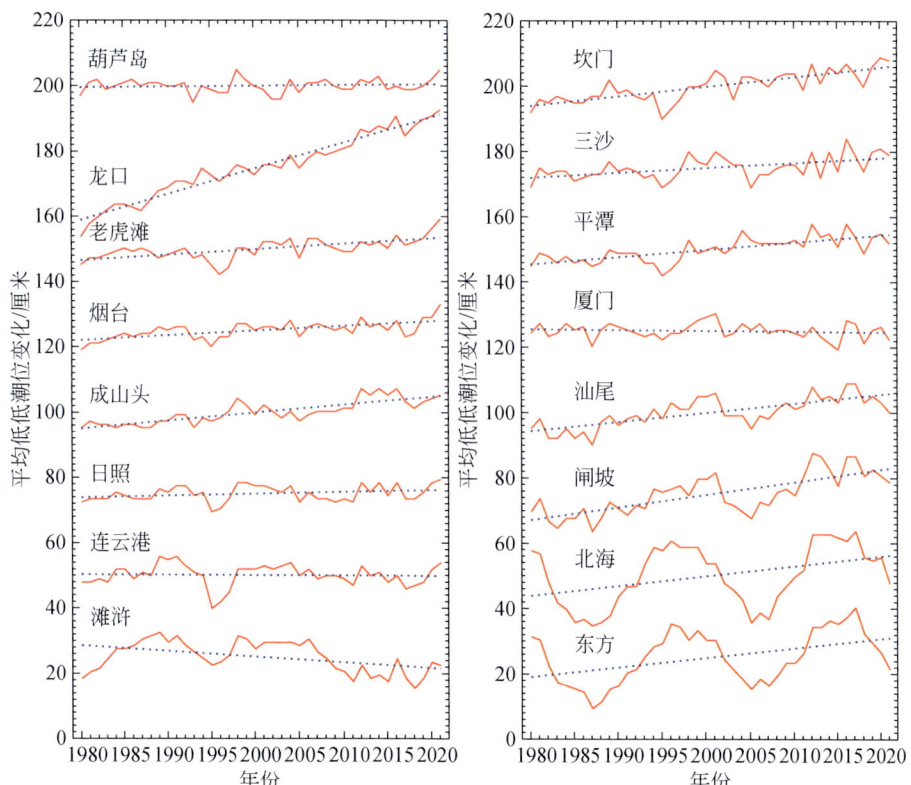

图2.12　1980~2021年中国沿海代表站平均低低潮位变化

Figure 2.12　Variations of mean lower low tide level at representative tide gauge stations along the China coast from 1980 to 2021

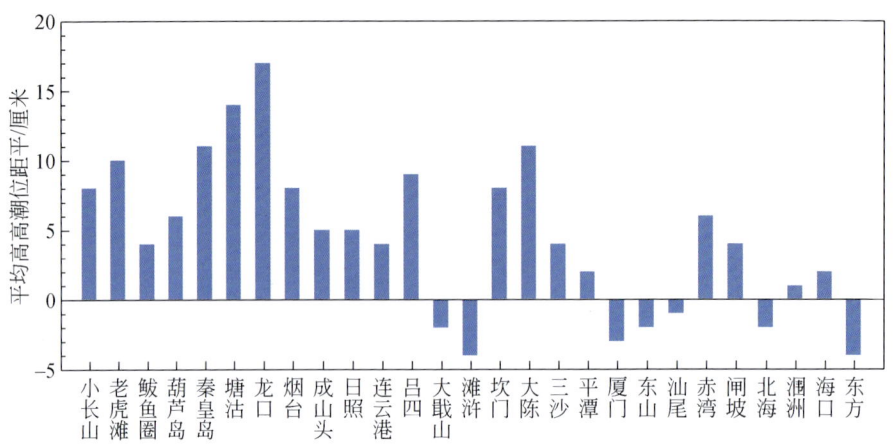

图 2.13　2021 年中国沿海代表站平均低低潮位距平

（相对于 1993~2011 年平均值）

Figure 2.13　Mean lower low tide level anomalies at representative tide gauge stations along the China coast for 2021 (relative to 1993-2011 average)

（3）平均大的潮差

1980~2021 年，中国沿海平均大的潮差总体呈增大趋势，增速为 1.9 毫米/年。杭州湾沿海平均大的潮差增速最大，为 14.0 毫米/年；山东南部至江苏北部沿海次之，为 6.0~7.0 毫米/年；山东龙口和天津沿海减小速率较大，分别为 5.2 毫米/年和 4.4 毫米/年；南海沿海平均大的潮差多呈微弱减小趋势。与 1993~2011 年平均值相比，2021 年中国沿海平均大的潮差总体大 7 厘米，其中杭州湾沿海增幅最大，为 37 厘米；长江口和辽东湾西北部沿海增幅也较大，分别为 16 厘米和 15 厘米；浙江中部沿海减小幅度较大，为 6 厘米（图 2.14 和图 2.15）。

第 2 章 中国海洋状况

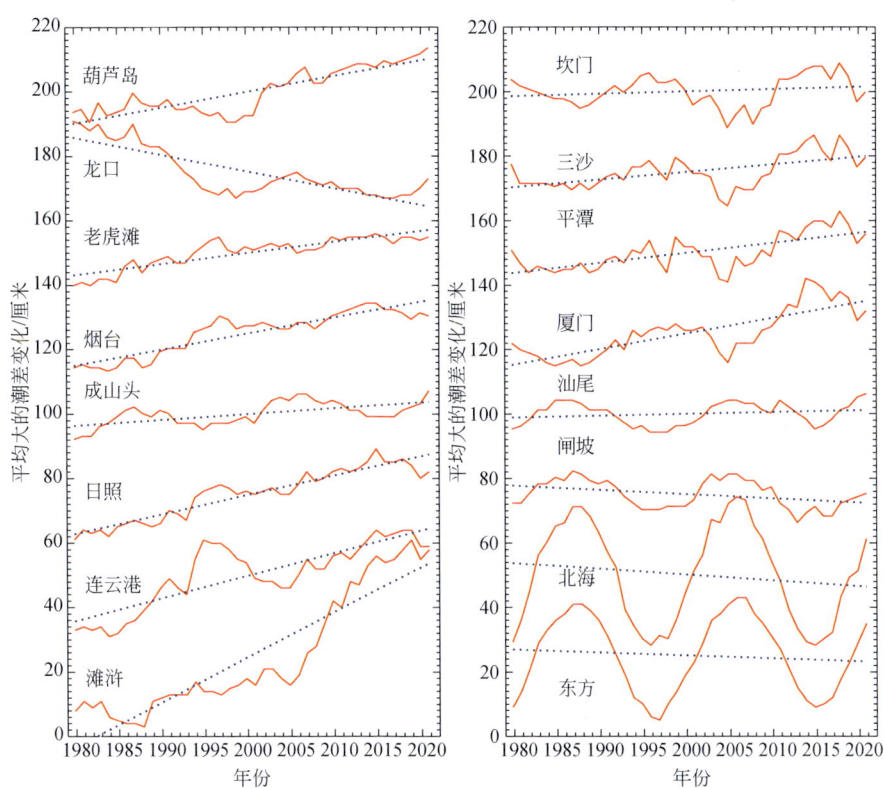

图 2.14 1980~2021 年中国沿海代表站平均大的潮差变化

Figure 2.14 Variations of mean great tidal range at representative tide gauge stations along the China coast from 1980 to 2021

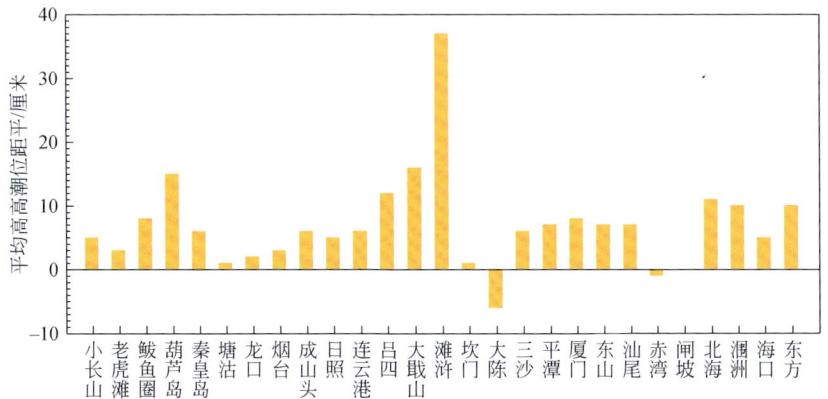

图 2.15 2021 年中国沿海代表站平均大的潮差距平（相对于 1993~2011 年平均值）

Figure 2.15 Mean great tidal range anomalies at representative tide gauge stations along the China coast for 2021 (relative to 1993-2011 average)

33

2.1.4 海平面

(1) 沿海海平面

1980~2021年，中国沿海海平面呈波动上升趋势，上升速率为3.4毫米/年，且呈现加速上升的特征，加速度为0.02（毫米/年）/年。2011~2021年平均海平面处于近40年最高位，比1981~1990年平均海平面高105毫米。2021年，中国沿海海平面较1993~2011年平均值高84毫米，为1980年以来最高（图2.16）。

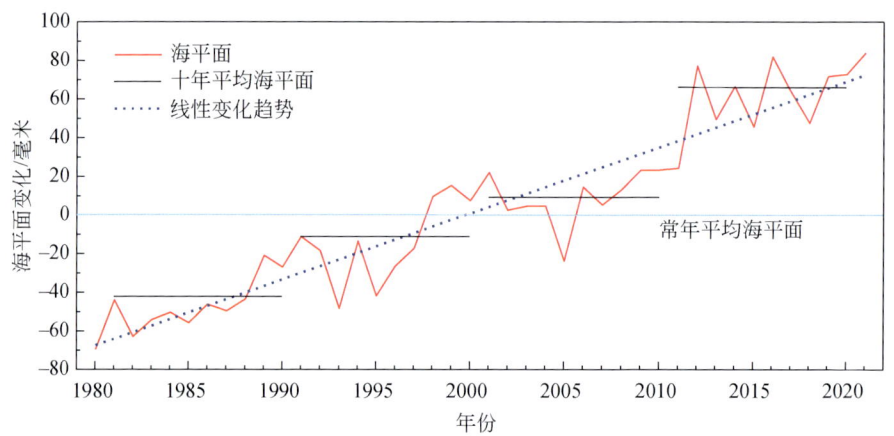

图 2.16　1980~2021年中国沿海海平面变化（相对1993~2011平均值）

Figure 2.16　Sea level change along the China coast from 1980 to 2021
(relative to 1993-2011 average)

2021年，中国沿海海平面变化区域特征明显。渤海沿海海平面达1980年以来最高，较常年高118毫米，其中渤海湾西部至莱州湾沿海海平面较常年高150毫米；台湾海峡南部至广东东部沿海海平面偏低明显，接近常年同期。与2020年相比，中国沿海海平面以长江口和台湾海峡北部平潭为分界点，总体呈现北部上升、中部持平、南部下降的特点，北部总体上升约36毫米，南部下降约20毫米（图2.17）。

2021年，中国沿海各月海平面变化波动较大。4月和7月中国沿海、6月台湾海峡以北沿海，以及9月长江以北沿海海平面均为1980年以来同期最高，9月台湾海峡至广东东部沿海海平面为近35年同期最低。

第 2 章　中国海洋状况

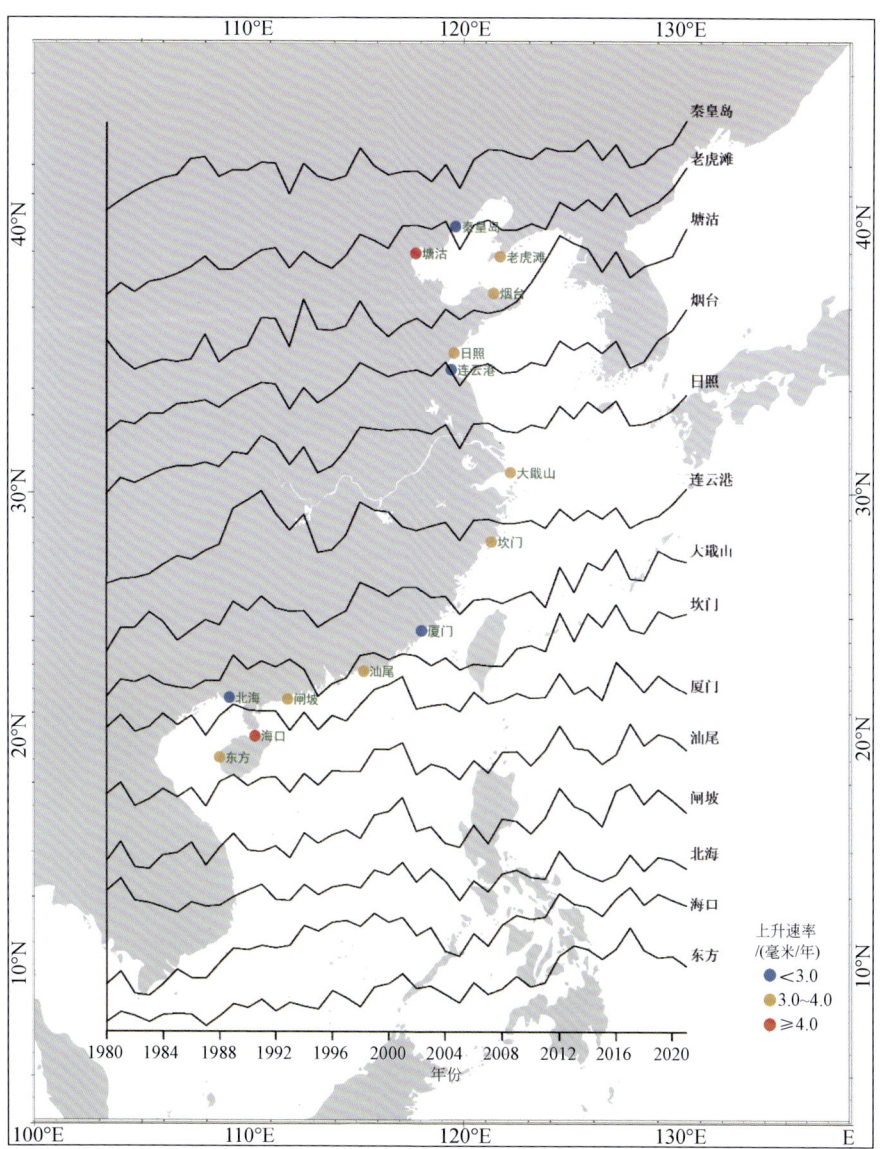

图 2.17　1980~2021 年中国沿海代表站海平面变化
Figure 2.17　Sea level changes at representative tide gauge stations along the China coast from 1980 to 2021

中国沿海长期海洋站监测结果表明，近 60 年，葫芦岛站、厦门站和闸坡站沿海海平面均呈上升趋势，且年代际振荡显著，2011 年之后海平面均处于有完整观测记录以来的高位。1960~2021 年，葫芦岛站沿海海平面上升速率为 2.0 毫米/年，其中 2021 年海平面较 1993~2011 年平均值高 116 毫米，为 1960 年以来最高；1958~2021 年，厦门站沿海海平面上升速率为 2.0 毫米/年，其中 2021 年海平面较 1993~2011 年平均值高约 22 毫米；1959~2021 年，闸坡站沿海海平面上升速率为 2.5 毫米/年，其中 2021 年海平面较 1993~2011 年平均值高约 38 毫米（图 2.18）。

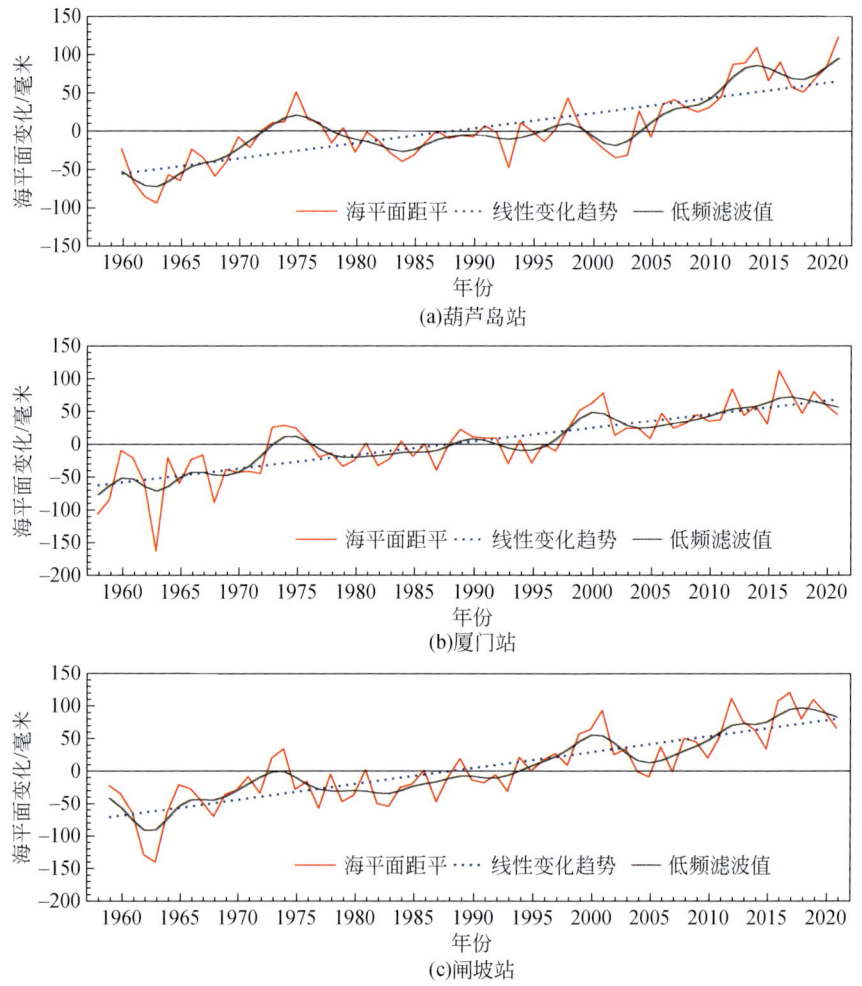

图 2.18　1958~2021 年中国沿海代表站海平面变化（相对于 1993~2011 年平均值）

Figure 2.18　Sea level changes at the representative tide gauge stations along the China coast from 1958 to 2021（relative to 1993-2011 average）

(a)Huludao, (b) Xiamen and (c)Zhapo

（2）近海海平面

中国近海海平面呈明显波动上升趋势。1993~2021年，中国近海海平面上升速率为3.8毫米/年，高于同期全球平均水平。1993~1999年，中国近海海平面上升较快，升幅约为87毫米；2002~2005年，海平面持续偏低，其中2001~2002年降幅达41毫米；2005~2008年，海平面波动上升明显，升幅约为73毫米；2012~2015年，海平面持续下降，降幅约为60毫米；2015~2017年海平面持续回升。2021年中国近海海平面较2020年高22毫米，为1993年以来最高（图2.19）。

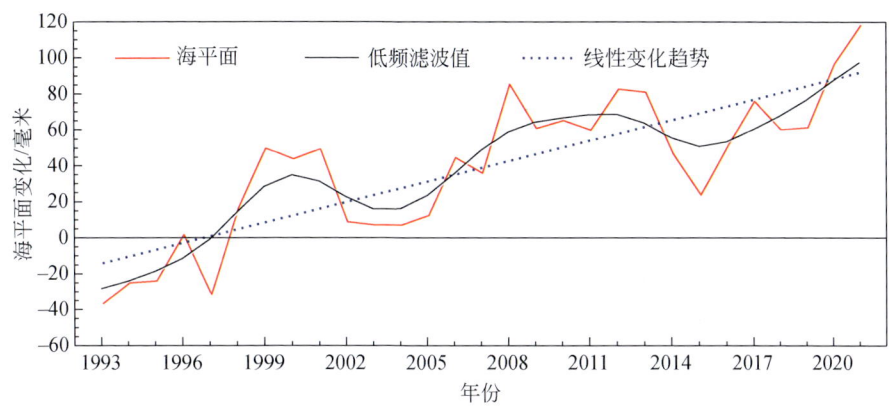

图 2.19　1993~2021年中国近海海平面变化
（相对于1993~2011年平均值）

Figure 2.19　Sea level change in the China offshore from 1993 to 2021
(relative to 1993-2011 average)

2021年，中国近海海平面较1993~2011年平均值总体高约96毫米，且区域差异明显。渤海、黄海和东海海域海平面总体高约62~67毫米；南海中北部海域海平面偏低，接近1993~2011年平均水平；南海北部局部海域海平面偏高幅度最大，超过120毫米（图2.20）。

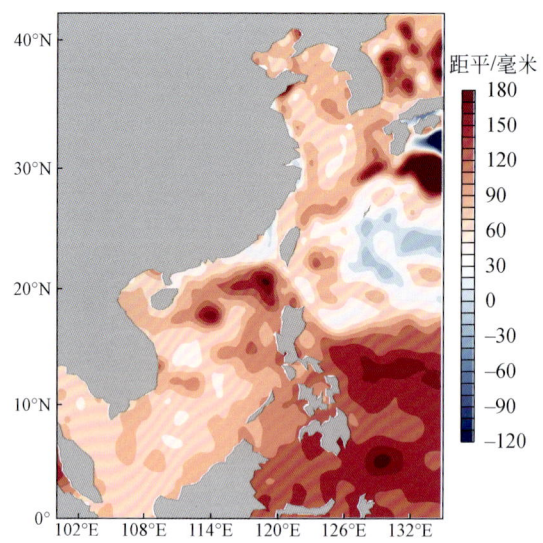

图 2.20　2021 年中国近海海平面距平分布（相对于 1993~2011 年平均值）

Figure 2.20　Distribution of sea level anomalies in the China offshore for 2021
(relative to 1993-2011 average)

2.1.5　海浪

海浪影响着海气界面物质和能量的输运，在上层海洋混合中起着重要的作用。大尺度海气相互作用会显著影响全球海浪特征的变化（Victor et al., 2020）。1950~2010 年，中国渤海和黄海有效波高总体呈下降趋势，南海有效波高总体呈上升趋势，东海有效波高的变化趋势不尽一致（刘敏和赵栋梁，2019）。

（1）代表站海浪

代表站监测结果表明，近几十年，中国沿海极端波高（十分之一大波波高的第 99 百分位数）长期变化趋势存在区域差异。芷锚湾站、大戢山站和南沙站极端波高均呈下降趋势，下降速率分别为 1.3 厘米/年（1963~2021 年）、2.2 厘米/年（1978~2021 年）和 4.1 厘米/年（1991~2021 年），日照站极端波高呈上升趋势，上升速率为 1.3 厘米/年（1961~2021 年）（图 2.21）。

第 2 章 中国海洋状况

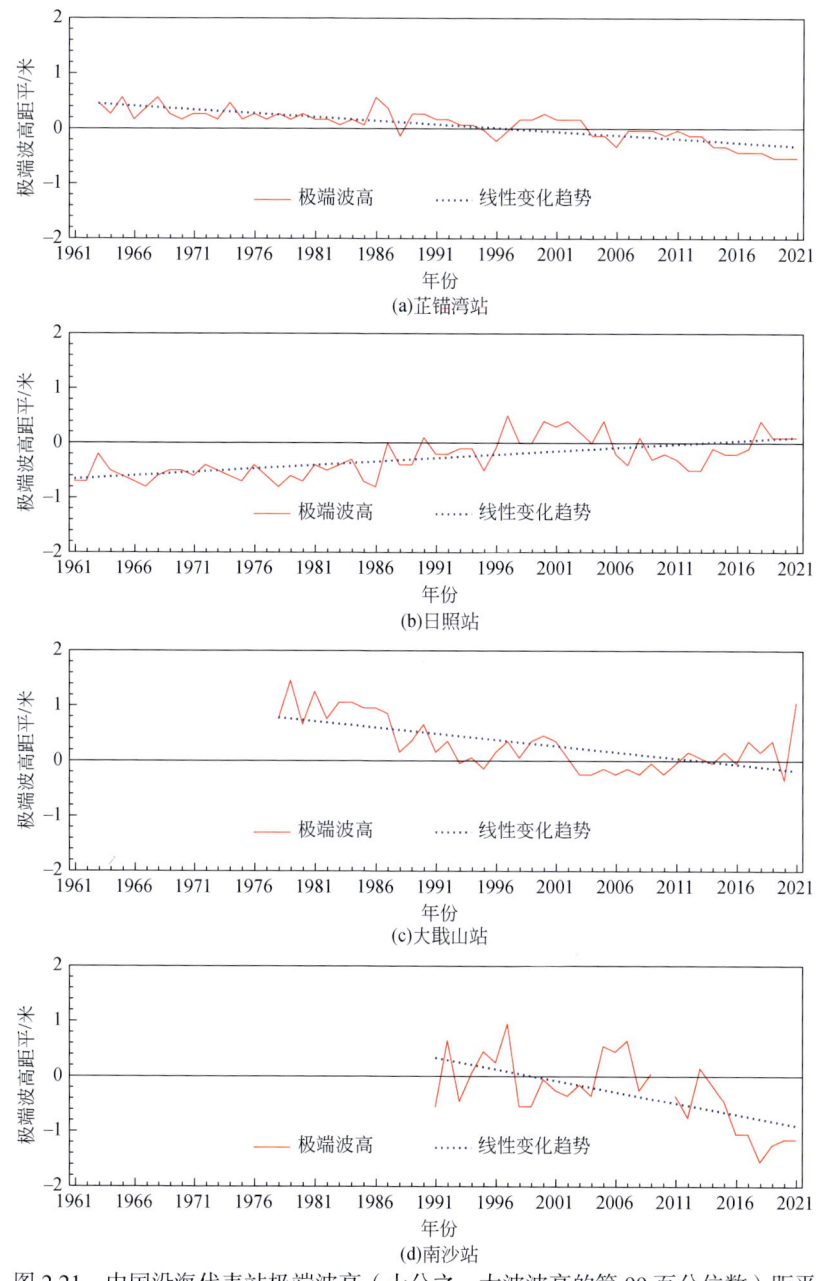

图 2.21 中国沿海代表站极端波高（十分之一大波波高的第 99 百分位数）距平
（相对于 1993~2011 年平均值）

Figure 2.21 Extreme sea wave height (99th percentile of 1/10 large wave height) anomalies at representative stations along China coast (relative to 1993-2011 average)
(a) Zhimaowan, (b) Rizhao, (c) Dajishan and (d) Nansha

2011~2021年，渤海中部代表点（39.0ºN，120.1ºE）有效波高（简称波高，下同）无显著变化趋势，2019~2021年波高呈上升趋势。2021年平均波高为0.8米，较2020年增大0.1米；黄海北部代表点（38.0ºN，123.5ºE）波高年际变化不明显，2014~2016年波高偏低。2021年平均波高为1.0米，较2020年增大0.1米（图2.22）。

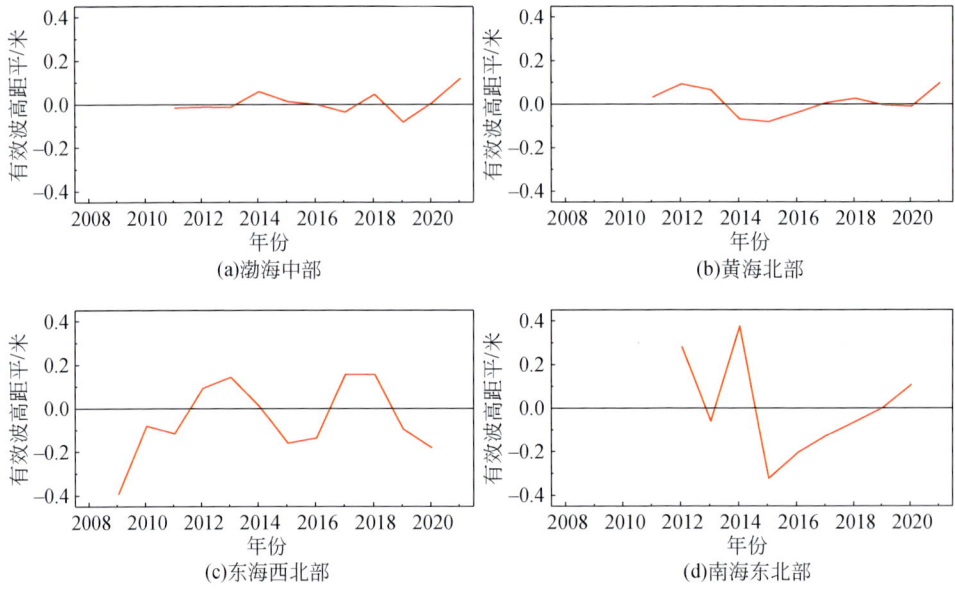

图2.22 中国近海代表点有效波高距平（相对于2012~2020年平均值）

Figure 2.22 Significant wave height anomalies at representative points in the China Offshore (relative to 2012-2020 average)

(a) the central Bohai Sea, (b) the northern Yellow Sea, (c) the northwestern ECS and (d) the northeastern SCS

与2012~2020年同期相比，2021年渤海中部和黄海北部代表点波高总体增大0.1米，其中渤海中部代表点3月和12月波高均增大0.2米，8月减小0.1米，黄海北部代表点9月和12月波高分别增大0.3米和0.2米，3月减小0.2米；东海西北部代表点7月和9月波高分别增大0.9米和0.4米，8月和12月分别减小0.3米和0.2米；南海东北部代表点1月波高增大0.2米（图2.23）。

第 2 章 中国海洋状况

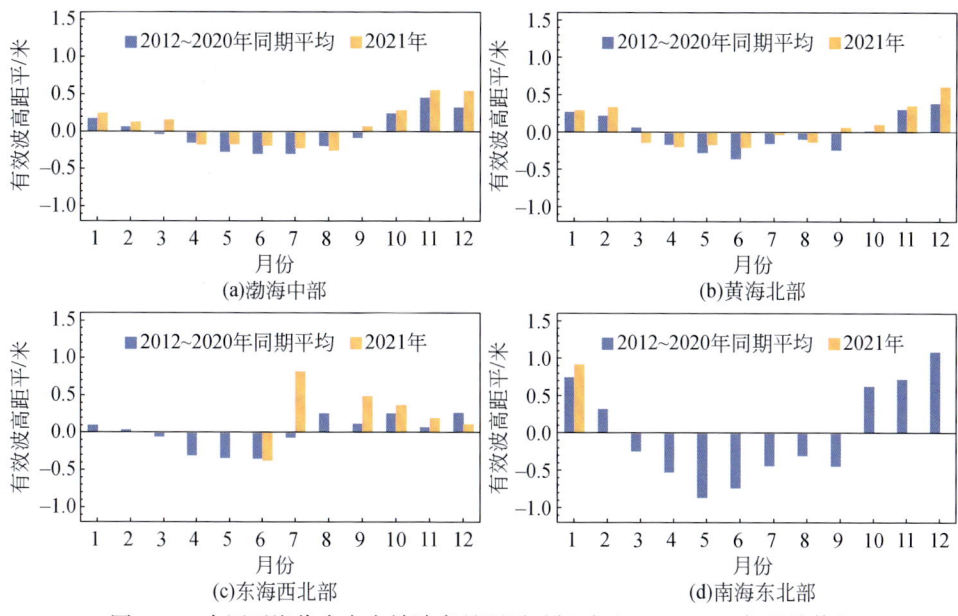

图 2.23 中国近海代表点有效波高月距平（相对于 2012~2020 年平均值）

Figure 2.23 Monthly significant wave height anomalies at representative points in the China Offshore (relative to 2012-2020 average)

(a) the central Bohai Sea, (b) the northern Yellow Sea, (c) the northwestern ECS and (d) the northeastern SCS

（2）近海海浪

2010~2021 年，中国近海波高在 2021 年和 2010 年分别处于近 12 年来的最高位和最低位，各海区波高变化存在差异，除渤海外，黄海、东海和南海均在 2010 年处于最低位。与 2020 年相比，2021 年中国近海波高总体增大 0.05 米，其中渤海、黄海、东海和南海波高分别增大 0.04 米、0.03 米、0.06 米和 0.03 米（图 2.24）。

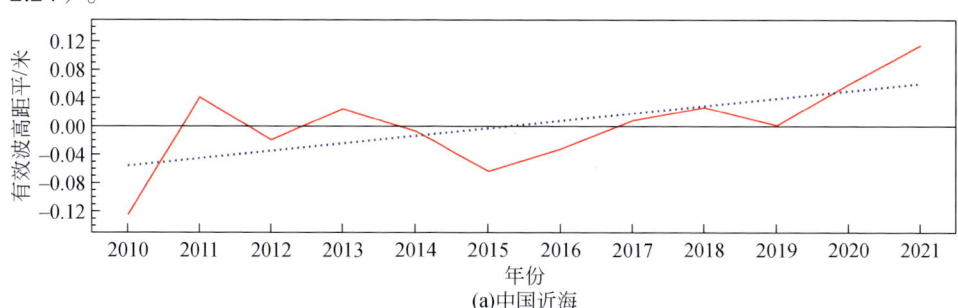

(a)中国近海

41

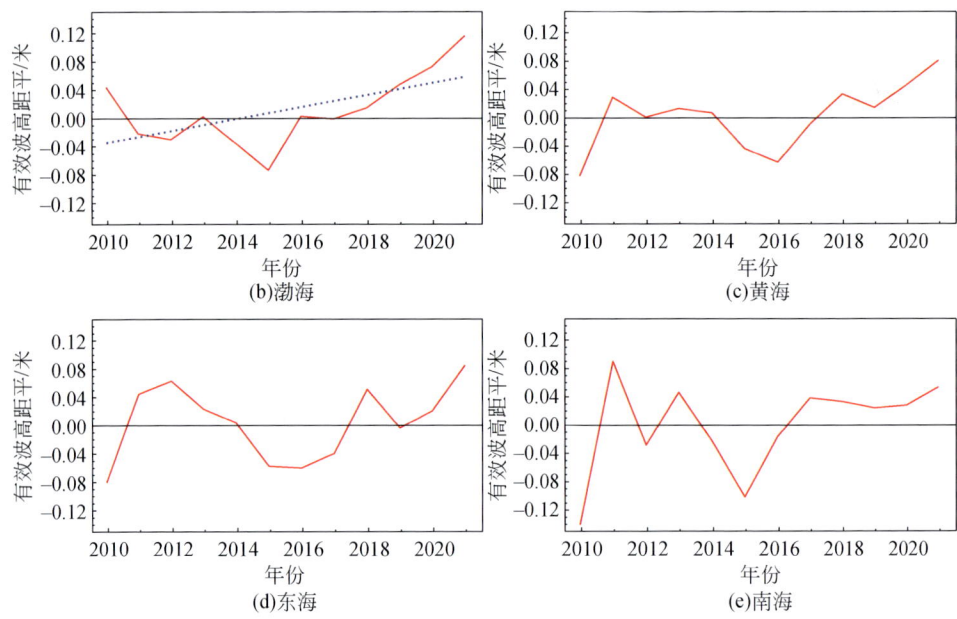

图 2.24 2010~2021 年中国近海有效波高距平（相对于 2012~2020 年平均值）

数据来源：哥白尼海洋环境监测中心和法国国家空间研究中心

Figure 2.24 Significant wave height anomalies in the China offshore from 2010 to 2021 (relative to 2012-2020)

(a) the China Sea, (b) the Bohai Sea, (c) the Yellow Sea, (d) the ECS and (e) the SCS

Data source: Copernicus Marine Environment Monitoring Service (CMEMS) and Centre National D'Etudes Spatiales (CNES)

2.1.6 海冰

中国海冰主要出现在冬季的渤海和黄海北部海域，其冰情演变过程可分为初冰期、盛冰期和终冰期三个阶段。其中，渤海每年冬季都有结冰现象发生，一般自11月下旬至12月上旬开始，由北向南开始结冰，翌年3月中上旬终冰，盛冰期一般出现在1~2月，期间海冰冰量最多，冰情最严重。

近年来，渤海和黄海北部沿海年度海冰冰期和冰量均呈波动下降趋势，1963/1964~2021/2022年，渤海鲅鱼圈站沿海年度海冰冰期和冰量下降速率分别为1.3天/年和5.8成/年；渤海葫芦岛站分别为1.0天/年和5.4成/年；渤海芷锚湾站分别为0.8天/年和5.7成/年；1997/1998~2021/2022年，黄海北部东港站分别为1.3天/年和9.2成/年（图2.25）。

第2章 中国海洋状况

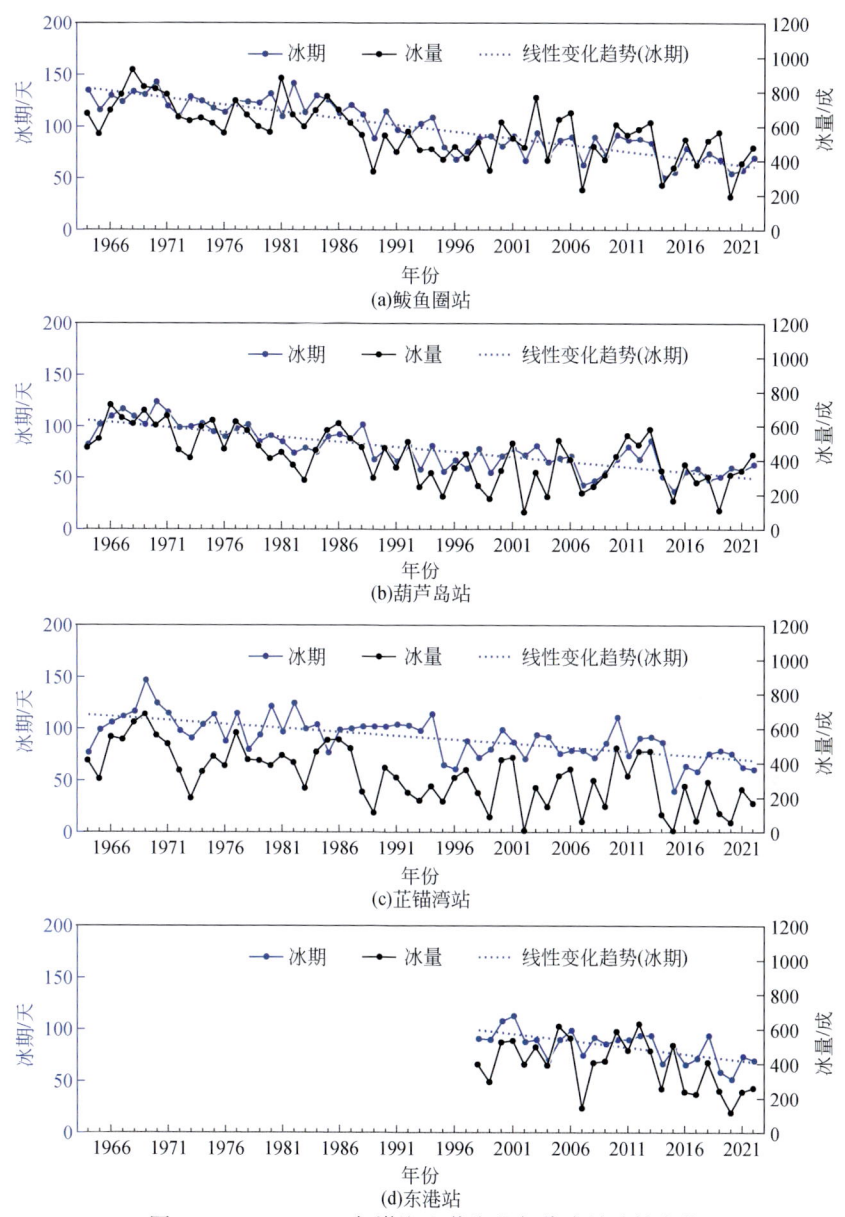

图 2.25 1964~2022 年渤海和黄海北部代表站冰情变化

Figure 2.25 Variations of sea ice condition at representative stations along the coast of the Bohai Sea and northern Yellow Sea from 1964 to 2022

(a) Bayuquan, (b) Huludao, (c) Zhimaowan and (d) Donggang

2021/2022 年,鲅鱼圈海冰冰量为 477 成,较常年少 5 成,比 2020/2021 年多91成,其中1月较常年同期少47成,2月较常年同期多75成;葫芦岛海冰冰量为435成,较常年多105成,比2020/2021年多95成,其中1月较常年同期多74成,2月较常年同期多49成;芷锚湾海冰冰量为170成,较常年少71成,比2020/2021年少80成,其中1月较常年同期少64成,2月较常年同期少3成;2021/2022年,东港海冰冰量为260成,比2020/2021年多22成(图2.26和图2.27)。

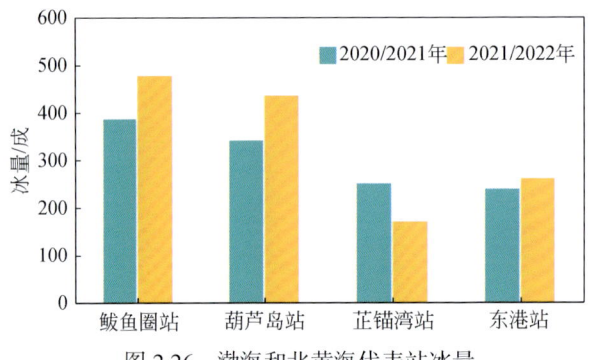

图2.26 渤海和北黄海代表站冰量

Figure 2.26 Sea ice covers at representative stations along the coast of the Bohai Sea and northern Yellow Sea

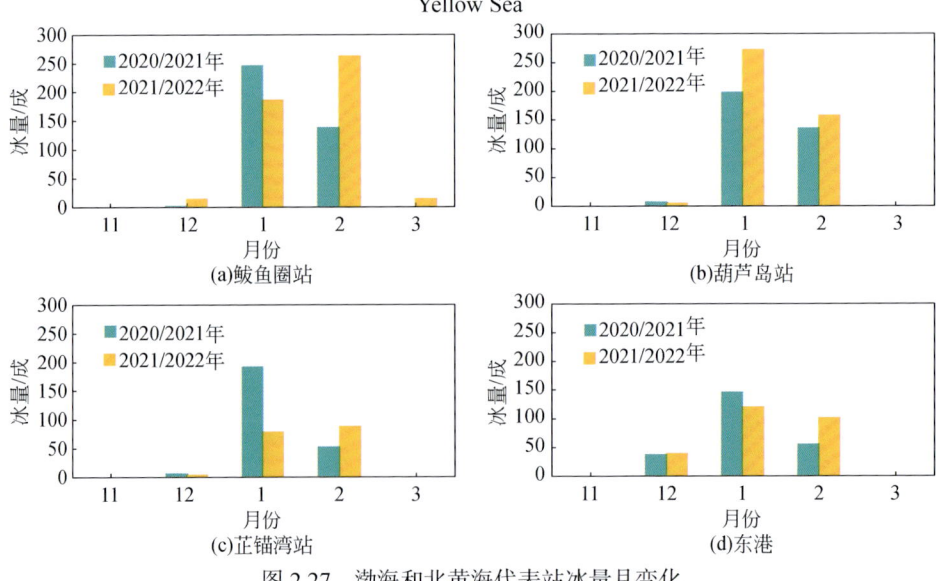

图2.27 渤海和北黄海代表站冰量月变化

Figure 2.27 Monthly sea ice cover changes at representative stations along the coast of the Bohai Sea and northern Yellow Sea

(a) Bayuquan, (b) Huludao, (c) Zhimaowan and (d) Donggang

2.1.7 海洋酸度

在全球变化背景下，受局地海洋环境、河流径流和人为活动等共同影响，中国近岸海水表层 pH 发生了明显变化，19 世纪中叶以来，南海海洋 pH 下降了 0.06~0.24；受东亚季风影响，南海 pH 变化存在 0.10~0.20 的年代际振荡（IPCC, 2021）。海洋酸化对海水化学特性、海洋生态系统等产生持续影响。

1980~2021 年，中国近岸海水表层 pH 总体呈波动下降趋势，平均每年下降 0.0018 个 pH 单位，其中 1998 年中国近岸海水表层 pH 最高，为 8.19，2014 年最低，为 7.99。2021 年，中国近岸海水表层 pH 为 8.11，比 2020 年上升约 0.035（图 2.28）。

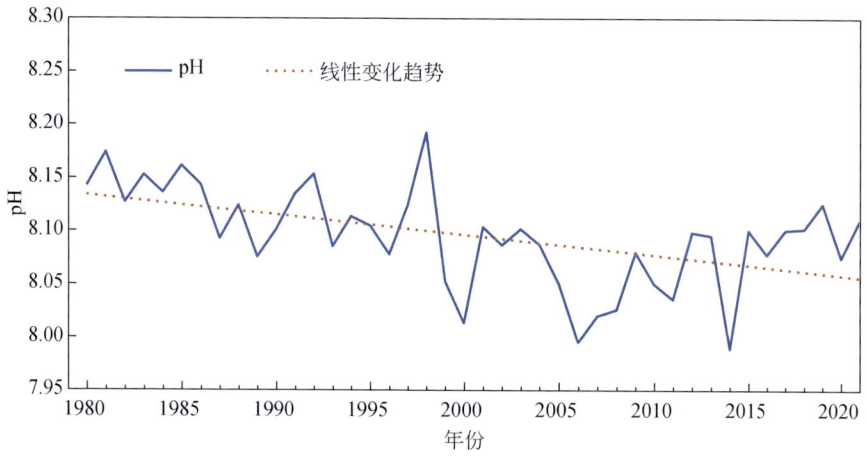

图 2.28　1980~2021 年中国近岸海表 pH 变化

Figure 2.28　Variation of sea surface pH over the China nearshore areas from 1980 to 2021

1986~2021 年，中国近岸不同纬度海水表层 pH 长期变化如图 2.29 所示。渤海、黄海和东海沿海呈现不同程度的酸化特征，受长江冲淡水、陆架混合水团和黑潮等影响，江苏南部、长江口、杭州湾近岸海域海水表层酸化明显，其中 2021 年长江口至钱塘江口近岸海域酸化现象较为明显。南海近岸海水表层 pH 趋势性变化不显著，未呈现明显的酸化现象。

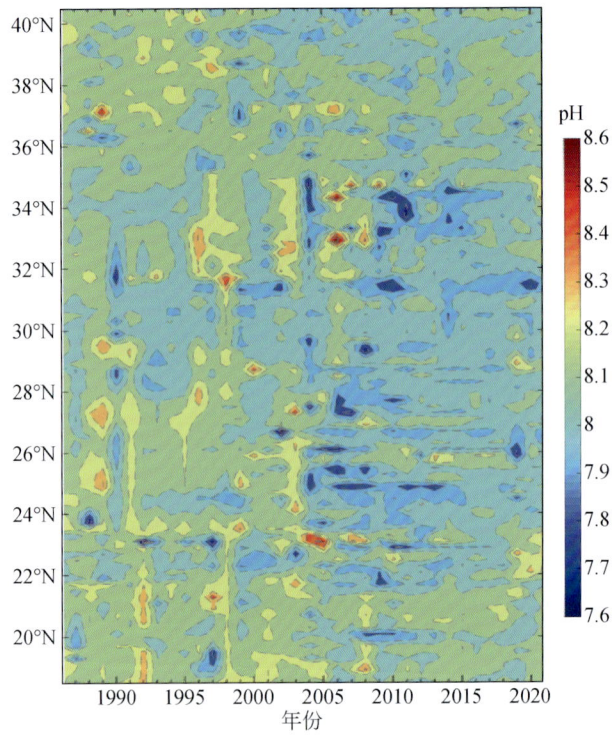

图 2.29 1986~2021 年中国近岸不同纬度海表 pH 变化

Figure 2.29 Variation of mean sea surface pH at different latitudes over the China nearshore areas from 1986 to 2021

2.1.8 溶解氧

在全球变暖、陆源营养盐输入、海水养殖等自然和人为活动叠加影响下，缺氧已经成为影响河口/近岸生态系统的一种普遍现象。我国低氧区主要分布在长江口和珠江口海域，季节性缺氧现象明显，一般在春季发生，夏季扩张，秋季消退。受长江口冲淡水引发的海水层化和藻华影响，长江口夏季缺氧更为显著。

2005~2021 年，长江口海域夏季（7~8 月）溶解氧含量总体无显著变化趋势，表层均值变化范围为 6.27~7.36 毫克/升，底层均值为 4.31~5.75 毫克/升，表层高于底层（图 2.30）；底层溶解氧含量最低值为 0.16~3.39 毫克/升，过去 17 年有 13 年监测到底层溶解氧最低值低于 2 毫克/升。2021 年，长江口海域夏季平均溶解氧含量相较于 2020 年同期增加 0.35 毫克/升，底层溶解氧含量最低值为 1.30 毫克/升，有低氧现象发生。2021 年，珠江口海域夏季平均溶解氧含量较 2020 年同期减少 1.11 毫克/升，底层溶解氧含量最低值为 4.08 毫克/升，未发现低氧现象。

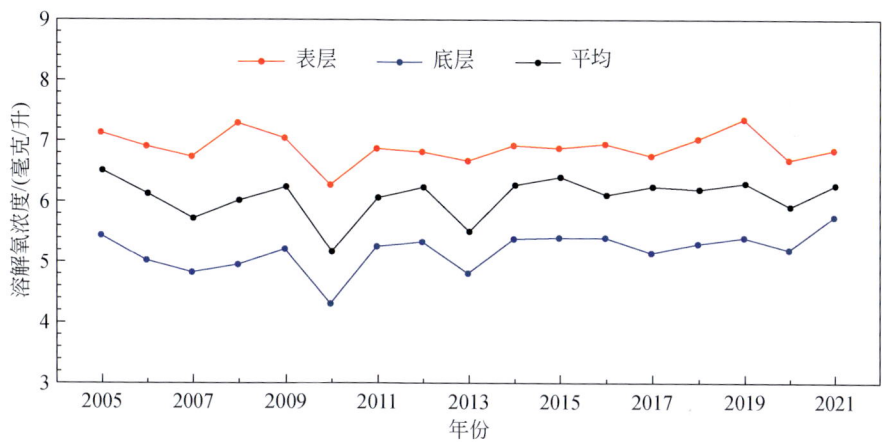

图 2.30　2005~2021 年夏季长江口海域（120°E~124°E，28°N~33°N）溶解氧含量变化

Figure 2.30　Variation of summer dissolved oxygen content at Chang Jiang Estuary from 2005 to 2021

2.1.9　叶绿素

我国近海表层叶绿素 a 浓度总体呈现渤海、黄海和东海高于南海，沿岸海域高于近海海域的空间分布格局，秋季叶绿素 a 浓度最高，夏季和冬季次之，春季较小。

1998~2021 年，中国近海叶绿素 a 浓度距平的变化范围为 −0.03~0.07 毫克/米^3（−5.9%~12.3%），叶绿素 a 浓度呈下降趋势，平均每 10 年下降 0.02 毫克/米^3（3.9%），其中 2001 年最高，2018 年最低（图 2.31）。

中国气候变化海洋蓝皮书（2022）

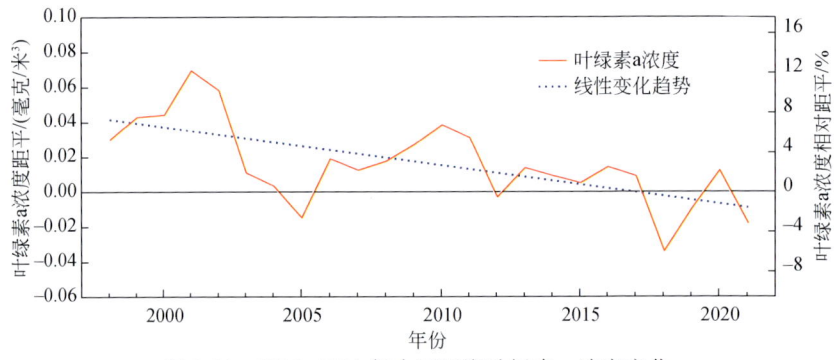

图 2.31　1998~2021 年中国近海叶绿素 a 浓度变化

参考时段为 2012~2017 年；相对距平为距平与参考时段平均值的比值

数据来源：哥白尼海洋环境监测中心 CMEMS

Figure 2.31　Variation of Chl-a over the China offshore from 1998 to 2021

Reference period is 1998-2017; relative anomaly is the ratio between anomaly and average of reference period

Data source: Copernicus Marine Environment Monitoring Service

2021 年，中国近海叶绿素 a 浓度时空分布特征明显。与 2012~2021 年平均值相比，除北部湾外，中国近岸海域叶绿素 a 浓度总体偏低，其中辽东湾和江苏北部近岸海域分别低约 0.78 毫克/米^3（11.3%）和 0.50 毫克/米^3（7.9%）；西沙西南部海域叶绿素 a 浓度相对距平明显偏高约 40%（图 2.32）。2021 年 8 月，长江口附近海域叶绿素 a 浓度异常偏低，相对于 2012~2021 年同期平均值（6.31 毫克/米^3）低 0.13 毫克/米^3（2.1%）。

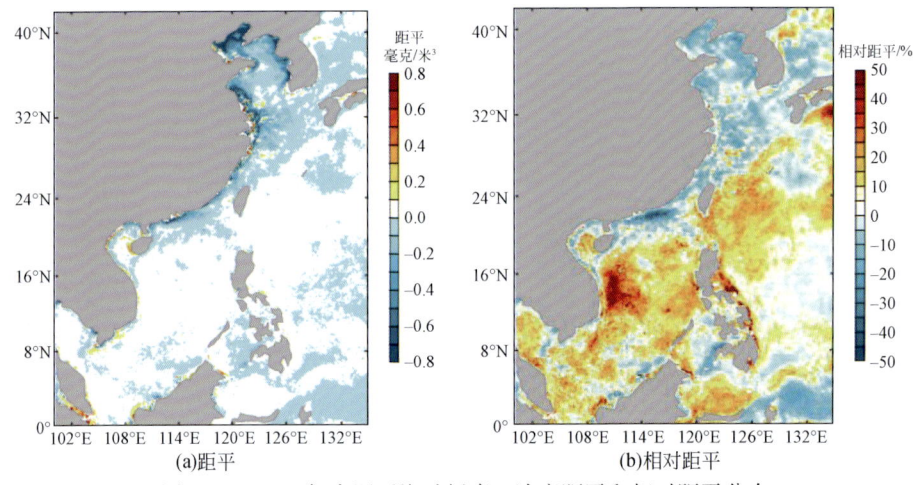

图 2.32　2021 年中国近海叶绿素 a 浓度距平和相对距平分布

Figure 2.32　Distribution of Chl-a anomalies (a) and relative anomalies (b) over the China offshore for 2021

2.2 气候要素

2.2.1 海面气温

（1）沿海气温

1980~2021年，中国沿海气温呈波动上升趋势，上升速率为0.39℃/10年，近五年持续处于高位。其中东海沿海气温上升速率最大，为0.47℃/10年；渤海和黄海沿海次之，分别为0.39℃/10年和0.36℃/10年；南海沿海最小，为0.34℃/10年（图2.33）。

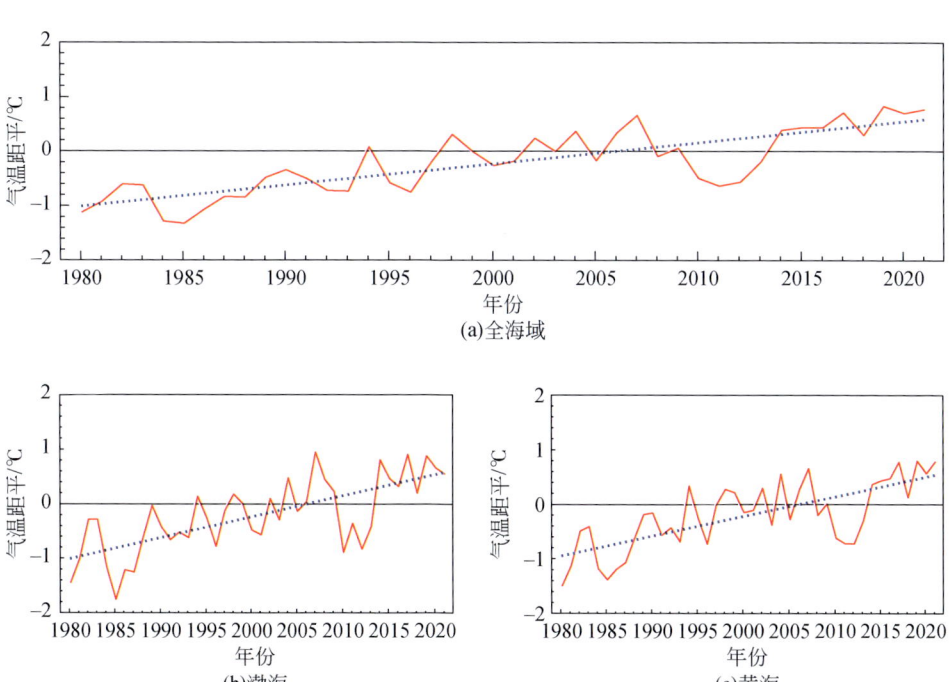

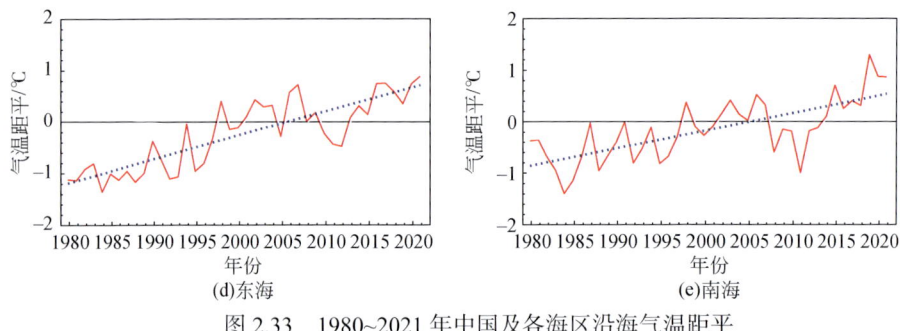

图 2.33　1980~2021 年中国及各海区沿海气温距平

Figure 2.33　Surface air temperature anomalies (SATA) along the China coast from 1980 to 2021
(a) the China sea, (b) the Bohai Sea, (c) the Yellow Sea, (d) the ECS and (e) the SCS

中国沿海长期海洋站监测显示，20 世纪 60 年代以来，北隍城站、连云港站、坎门站和闸坡站气温均呈波动上升趋势。1965~2021 年，北隍城站气温上升速率为 0.32℃/10 年，1969 年、1985 年和 2012 年气温较低，2012 年之后气温显著回升，并维持在高位。1961~2021 年，连云港和闸坡站气温上升速率分别为 0.27℃/10 年和 0.24℃/10 年。1960~2021 年，坎门站气温上升速率 0.34℃/10 年。2021 年，北隍城、连云港、坎门和闸坡站气温较常年分别高 0.4℃、0.9℃、1.0℃和 0.9℃，连云港和闸坡站气温均为有完整观测记录以来第二高，坎门站气温为有完整观测记录以来第四高（图 2.34）。

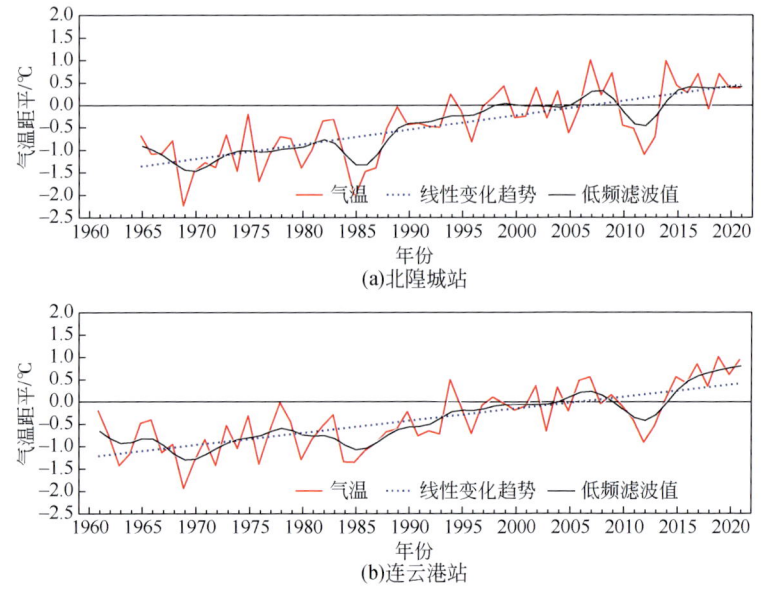

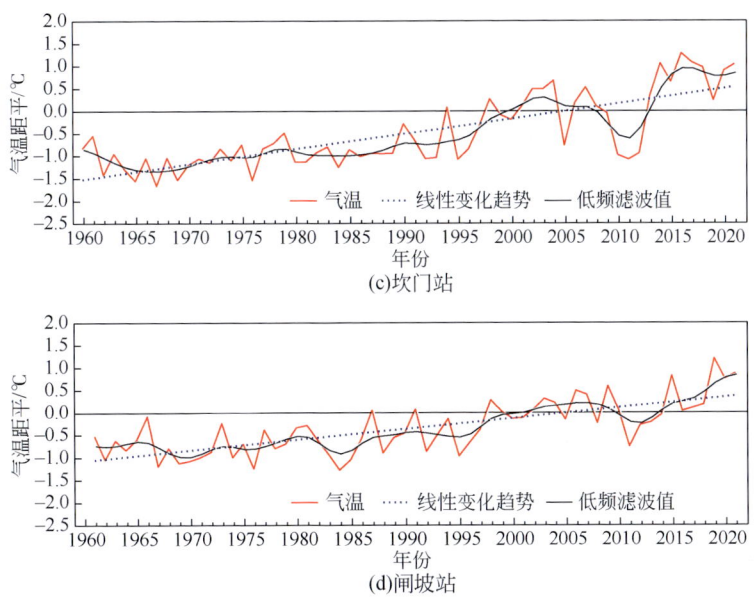

图 2.34 1960~2021 年中国沿海代表站气温距平

Figure 2.34 SATA at the representative marine stations along the China coast from 1960 to 2021
(a) Beihuangcheng, (b) Lianyungang, (c) Kanmen and (d) Zhapo

2021年，中国沿海气温较常年高约0.8℃，比2020年高约0.1℃，为1980年以来第二高。与常年相比，2021年渤海、黄海、东海和南海沿海气温分别高0.6℃、0.8℃、0.9℃和0.9℃，其中渤海、黄海、东海和南海分别为1980年以来第六高、第二高、最高和第三高；与2020年相比，渤海沿海气温下降0.1℃，黄海和东海沿海气温分别上升0.2℃和0.1℃，南海沿海基本持平（图2.35）。

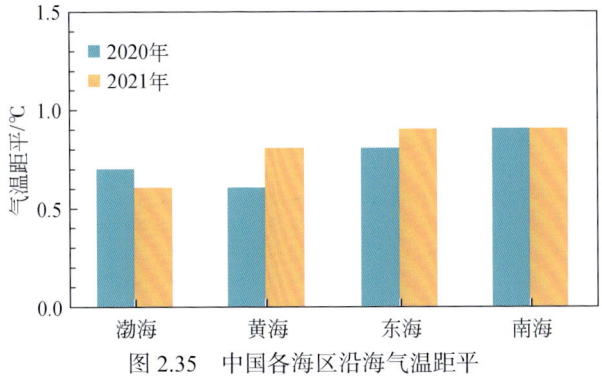

图 2.35 中国各海区沿海气温距平

Figure 2.35 SATA along the each sea coastal regions of China

2021年，中国沿海气温月际波动较大，区域差异明显。与常年同期相比，2月和9月中国沿海气温分别高2.4℃和1.1℃，为1980年以来同期第二高和最高，1月总体低0.3℃；12月渤海沿海高2.0℃，2月黄海和东海沿海分别高2.2℃和3.3℃，3月南海沿海高2.2℃；1月渤海和南海沿海分别低0.5℃和0.8℃，11月东海沿海气温低0.6℃（图2.36）。

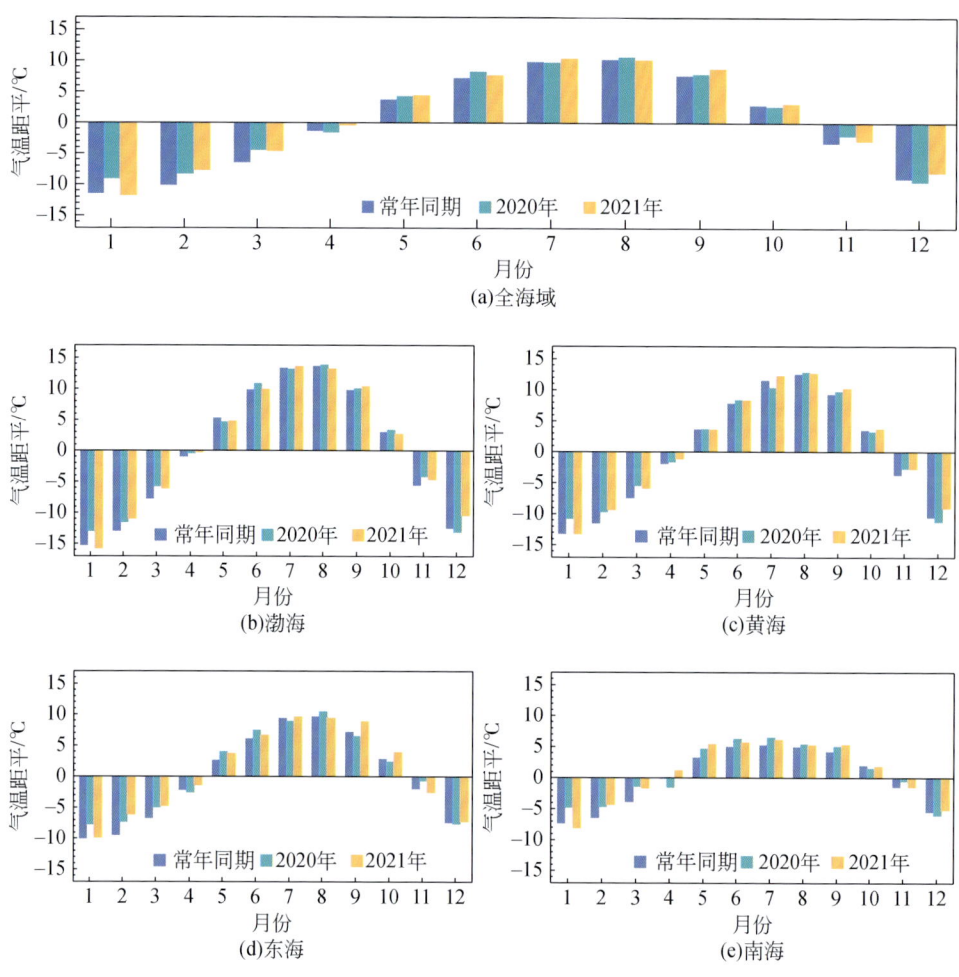

图 2.36　中国及各海区沿海气温月距平

Figure 2.36　Monthly SATA along the China coast

(a) the China sea, (b) the Bohai Sea, (c) the Yellow Sea, (d) the ECS and (e) the SCS

（2）近海海面气温

1980~2021年，中国近海海面气温呈波动上升趋势，上升速率为0.15℃/10年，总体呈北高南低的分布。其中，渤黄海上升速率最大，为0.26℃/10年；东海次之，为0.24℃/10年；南海总体呈微弱的上升趋势，上升速率为0.10℃/10年（图2.37）。南海北部上升速率为0.20℃/10年左右，南海南部无明显变化趋势。

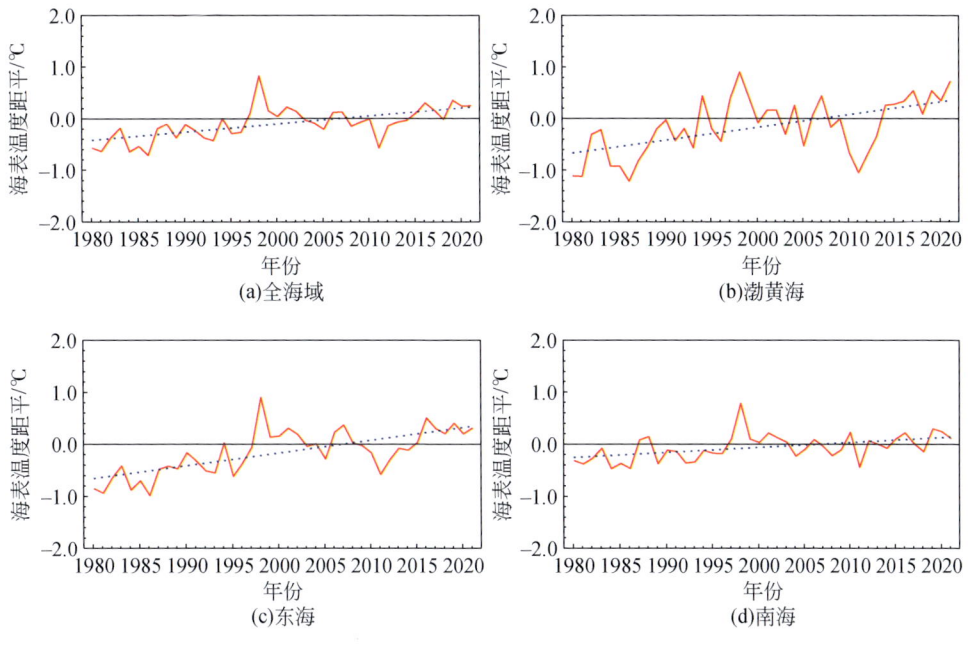

图 2.37　1980~2021年中国近海海面气温距平

Figure 2.37　SATA in the China offshore from 1980 to 2020

(a) the China sea, (b) the Bohai Sea and the Yellow Sea, (c) the ECS and (d) the SCS

2021年，中国近海海面气温总体比常年高约0.3℃，与2020年基本持平。与常年同期相比，冬季，山东南部和江苏北部沿岸气温偏高0.4~1.4℃，台湾海峡以南海域气温偏低0.2~0.8℃；春季，东海大部和广东沿岸气温偏高超过1.0℃，南海中南部气温偏低0.2~0.4℃；夏季，江苏以东海域和北部湾气温偏高0.2~0.8℃，渤海和黄海北部海域气温偏低0.2~1.4℃；秋季，黄海气温偏高0.4~1.4℃，北部湾气温偏低0.2~0.4℃（图2.38）。

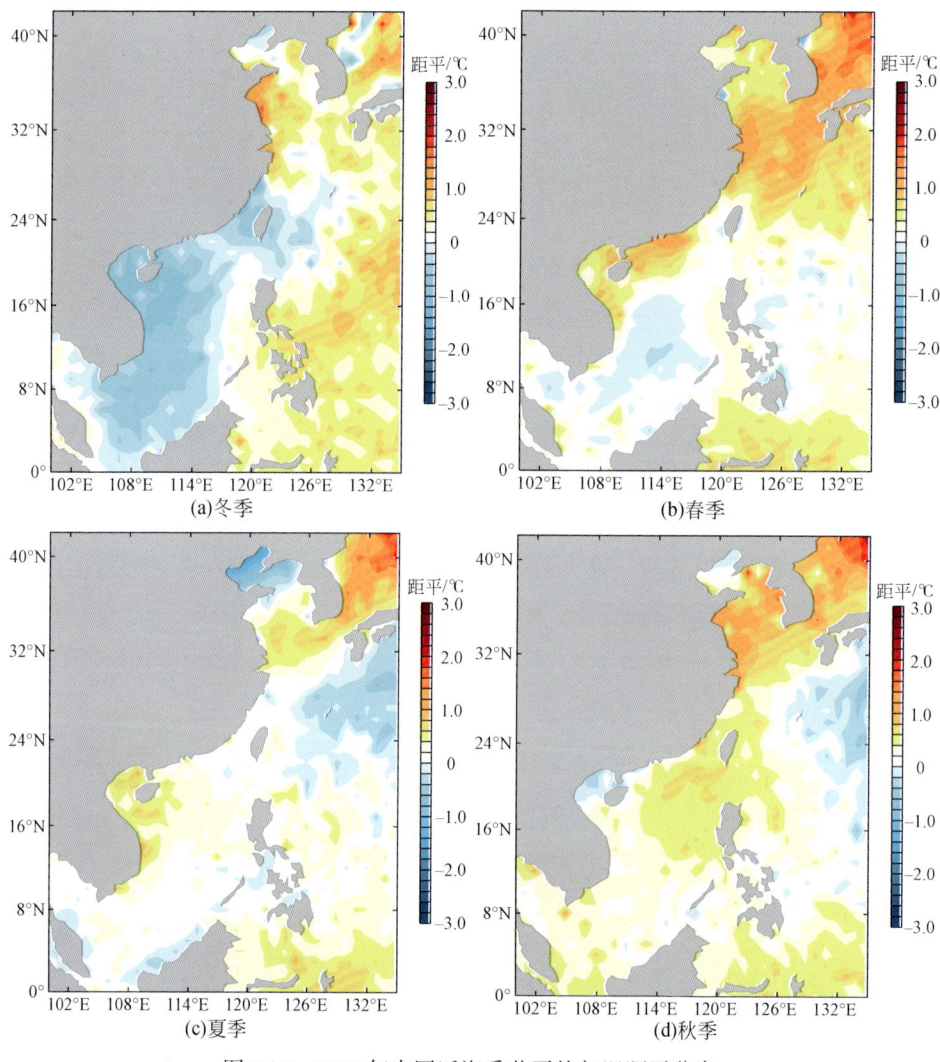

图 2.38 2021年中国近海季节平均气温距平分布

Figure 2.38 Distribution of seasonal mean air temperature in the China offshore for 2021
(a) winter, (b) spring, (c) summer and (d) autumn

2.2.2 海平面气压

1980~2021年,中国沿海海平面气压呈波动下降趋势,下降速率为0.15百帕/10年。其中,东海沿海下降速率最大,为0.21百帕/10年;渤黄海沿海次之,均为0.14百帕/10年;南海沿海下降速率最小,约为0.10百帕/10年(图2.39)。

第 2 章 中国海洋状况

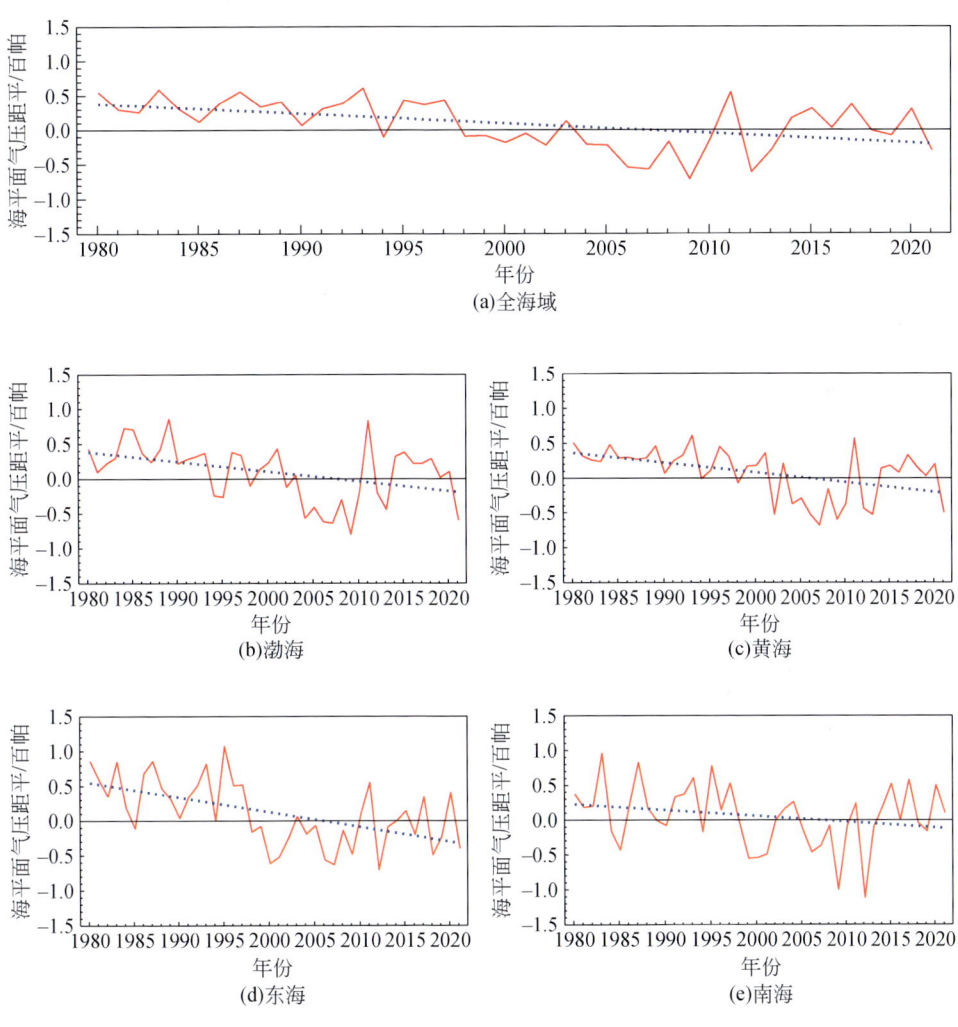

图 2.39 1980~2021 年中国沿海海平面气压距平

Figure 2.39 Sea level pressure anomalies (SLPA) along the China coast from 1980 to 2021
(a) the China sea, (b) the Bohai Sea, (c) the Yellow Sea, (d) the ECS and (e) the SCS

2021 年，中国沿海海平面气压较常年低 0.3 百帕，比 2020 年下降 0.6 百帕。与常年相比，渤海沿海、黄海沿海和东海沿海海平面气压分别低 0.6 百帕、0.5 百帕和 0.4 百帕，南海沿海高约 0.1 百帕；与 2020 年相比，渤海和黄海沿海均下降约 0.7 百帕，东海沿海下降 0.8 百帕，南海沿海下降 0.4 百帕（图 2.40）。

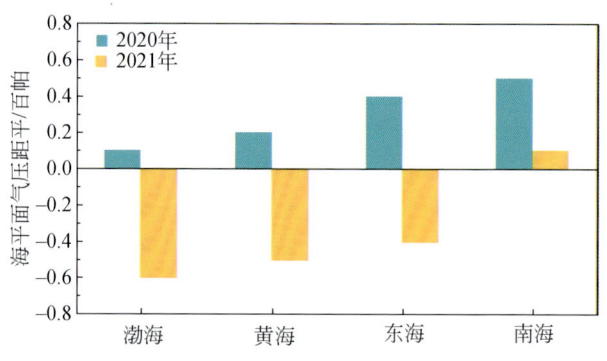

图 2.40　中国各海区沿海海平面气压距平

Figure 2.40　SLPA along the each sea coastal regions of China

2021 年，中国沿海海平面气压月际波动较大，区域差异明显。与常年同期相比，中国沿海海平面气压 4 月高 2.4 百帕，2 月低 2.2 百帕；渤海、黄海和东海沿海海平面气压 4 月分别高 3.8 百帕、3.2 百帕和 1.5 百帕，渤海和黄海沿海海平面气压 11 月分别低 3.2 百帕和 2.8 百帕，均为 1980 年以来同期第三低，东海沿海海平面气压 2 月低 2.3 百帕；南海沿海海平面气压 8 月高 1.1 百帕，10 月低 1.7 百帕（图 2.41）。

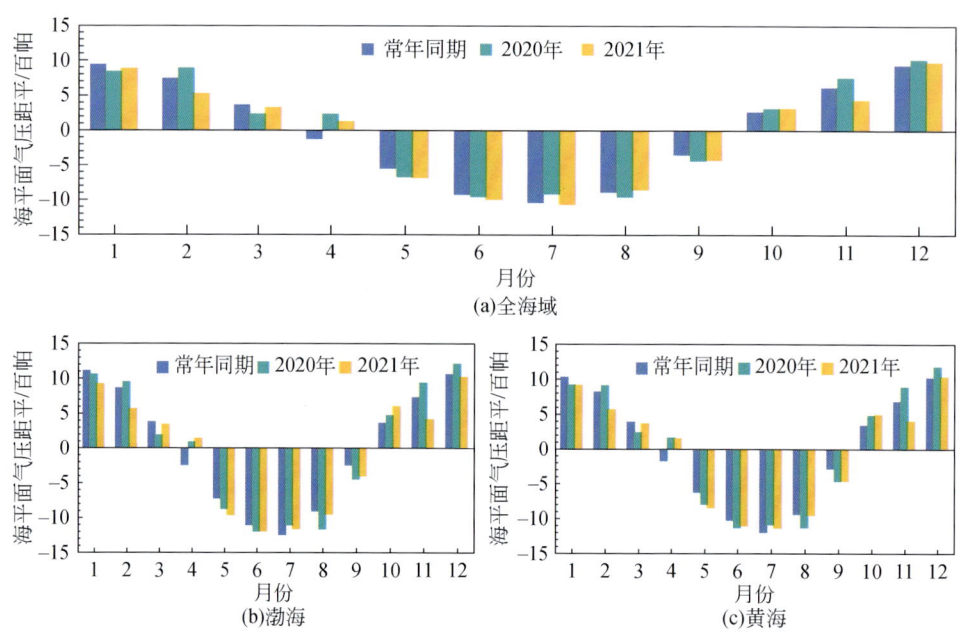

第 2 章 中国海洋状况

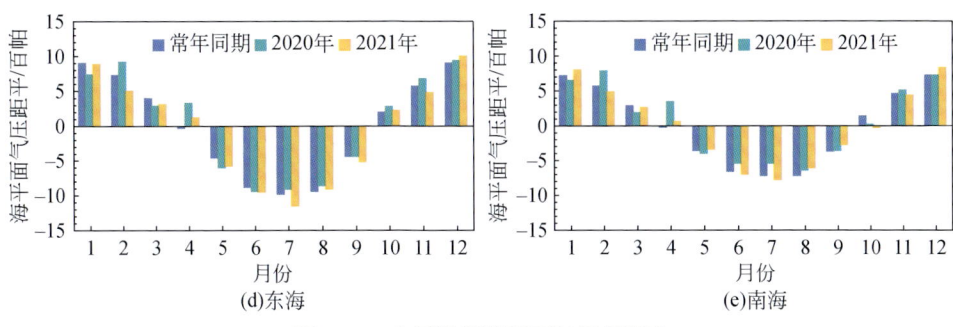

图 2.41 中国沿海海平面气压月距平

Figure 2.41 Monthly SLPA along China coast

(a) the China sea, (b) the Bohai Sea, (c) the Yellow Sea, (d) the ECS and (e) the SCS

2.2.3 海面风速

1980~2021 年，中国沿海风速呈波动减小趋势，平均每 10 年减小 0.23 米/秒，其中东海沿海风速减小速率最大，每 10 年减小 0.27 米/秒；黄海沿海和南海沿海次之，每 10 年均减小 0.23 米/秒；渤海沿海减小速率最小，每 10 年减小 0.20 米/秒（图 2.42）。

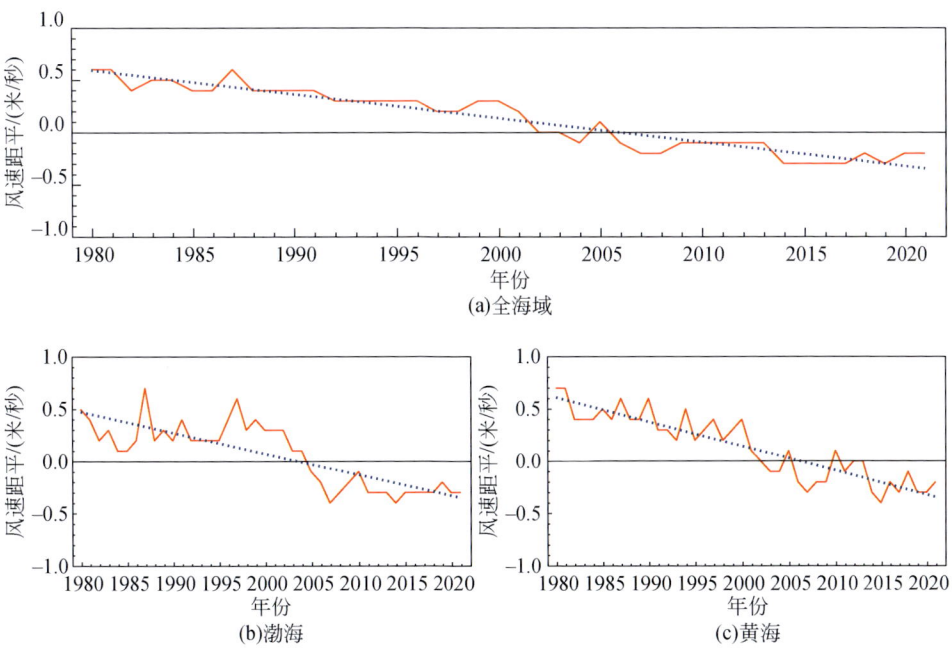

57

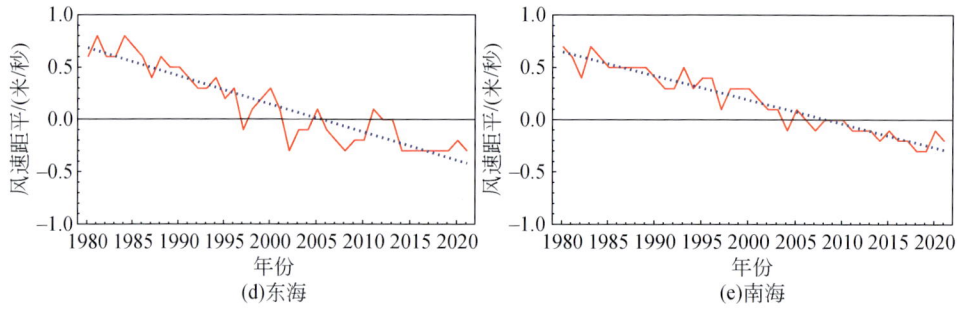

图 2.42　1980~2021 年中国沿海平均风速距平

Figure 2.42　Wind speed anomalies along the China coast from 1980 to 2021

(a) the China sea, (b) the Bohai Sea, (c) the Yellow Sea, (d) the ECS and (e) the SCS

2021 年，中国沿海风速较常年小约 0.2 米/秒，与 2020 年持平；与常年相比，渤海、黄海、东海和南海沿海风速分别小 0.3 米/秒、0.2 米/秒、0.3 米/秒和 0.2 米/秒；与 2020 年相比，渤海沿海风速基本持平，黄海沿海增大 0.1 米/秒，东海沿海和南海沿海减小 0.1 米/秒（图 2.43）。

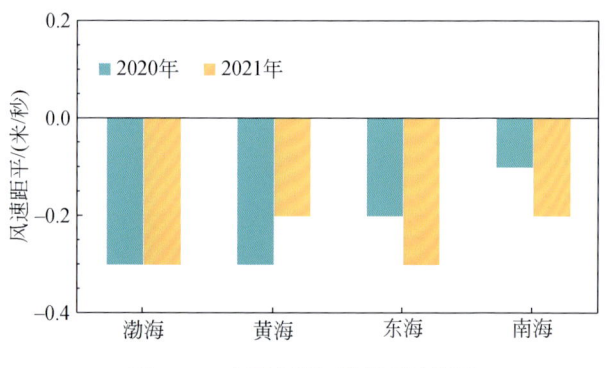

图 2.43　中国各海区沿海风速距平

Figure 2.43　Wind speed anomalies along the coastal regions of China each sea area

2021 年，中国沿海风速月际波动较大，区域差异明显。与常年同期相比，中国沿海 10 月风速偏大 0.1 米/秒，3 月和 8 月偏小 0.5 米/秒；渤海沿海 3 月风速偏小 0.6 米/秒，5 月持平；黄海沿海 3 月和 8 月风速偏小 0.6 米/秒，2 月和 7 月偏大 0.2 米/秒；东海沿海 9 月风速明显偏小 0.8 米/秒，7 月大 0.5 米/秒；南海沿海 2 月和 9 月风速均明显偏小 0.7 米/秒，10 月大 0.6 米/秒（图 2.44）。

第 2 章 中国海洋状况

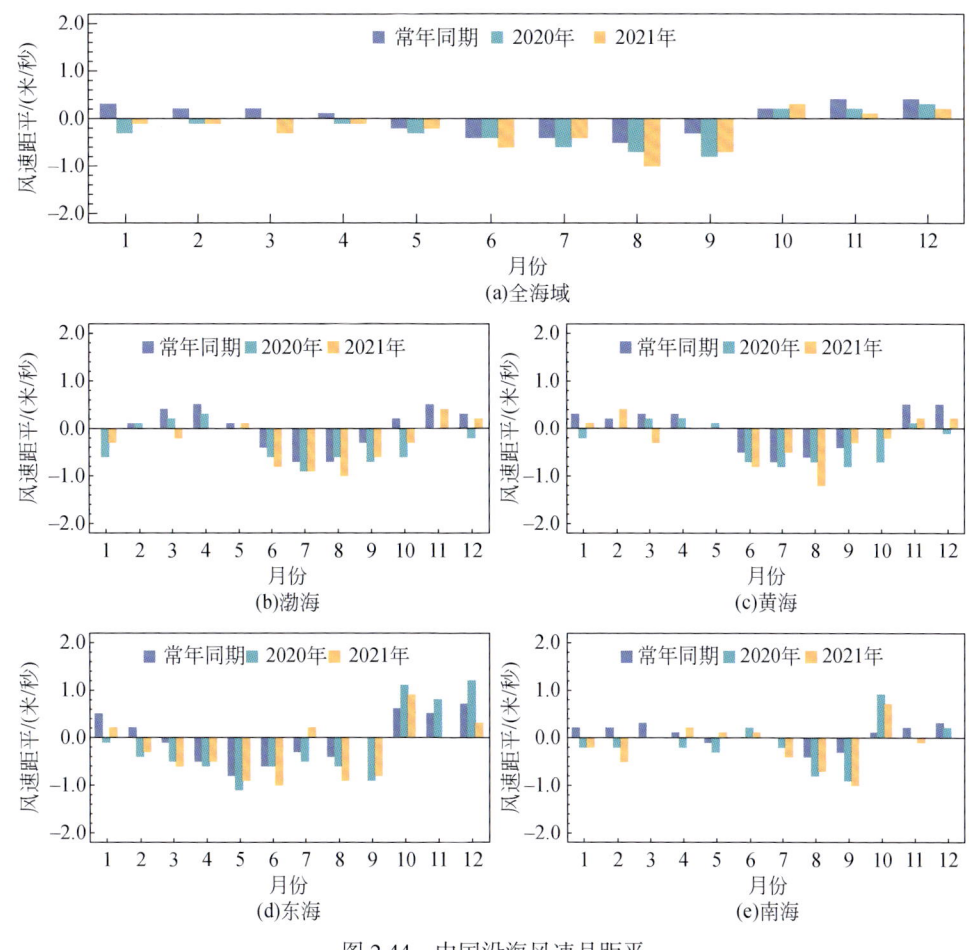

图 2.44 中国沿海风速月距平

Figure 2.44 Monthly wind speed anomalies along the China coast
(a) the China sea, (b) the Bohai Sea, (c) the Yellow Sea, (d) the ECS and (e) the SCS

2.2.4 海气热通量

（1）感热通量

1980~2021 年，中国沿海感热通量呈波动下降趋势，平均每 10 年下降 1.24 瓦/米^2。东海沿海感热通量下降速率最大，平均每 10 年下降 2.19 瓦/米^2；渤海和黄海沿海次之，平均每 10 年分别下降 1.08 瓦/米^2 和 0.90 瓦/米^2；南海沿海最小，平均每 10 年下降 0.81 瓦/米^2（图 2.45）。

59

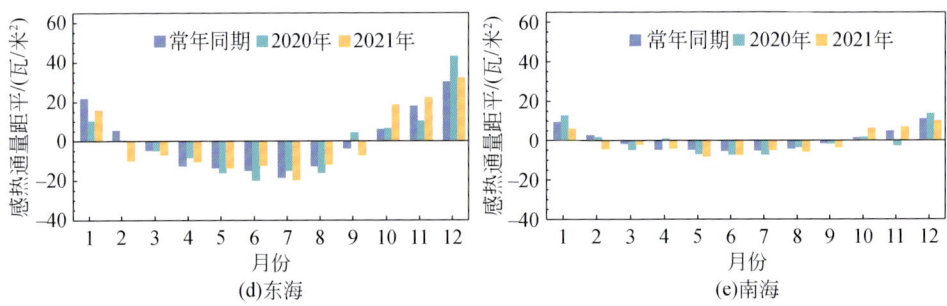

图 2.47 中国沿海感热通量月距平

Figure 2.47 Monthly SHFA along the China coast

(a) the China sea, (b) the Bohai Sea, (c) the Yellow Sea, (d) the ECS and (e) the SCS

（2）潜热通量

1980~2021 年，中国沿海潜热通量总体呈波动下降趋势，平均每 10 年下降约 4.75 瓦/米²，东海沿海下降速率最大，每 10 年下降 5.72 瓦/米²，渤海和南海沿海每 10 年分别下降 5.02 瓦/米² 和 5.66 瓦/米²，黄海沿海下降速率最小，每 10 年下降 2.61 瓦/米²（图 2.48）。

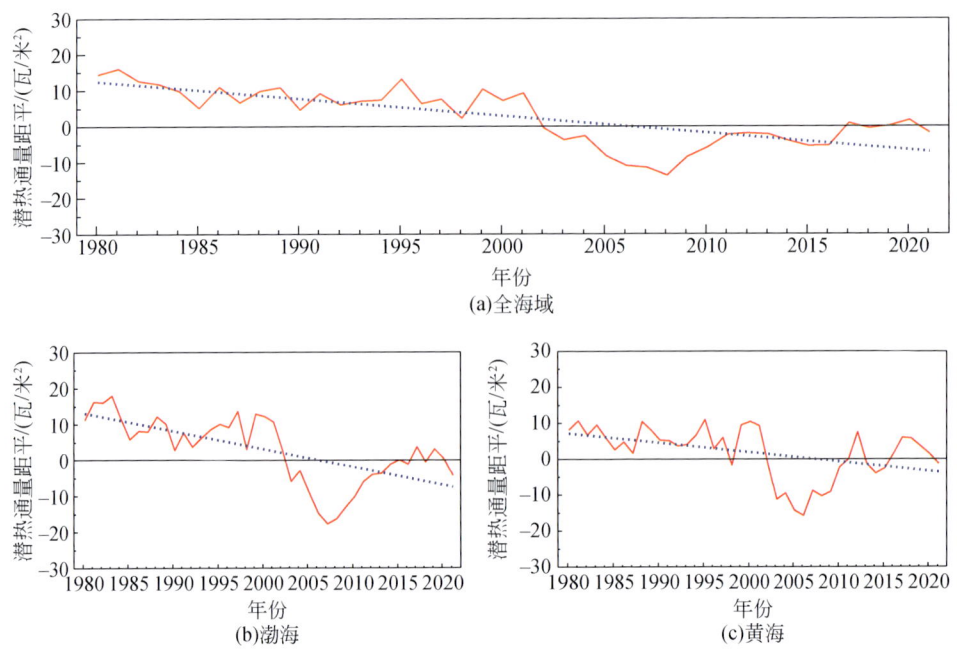

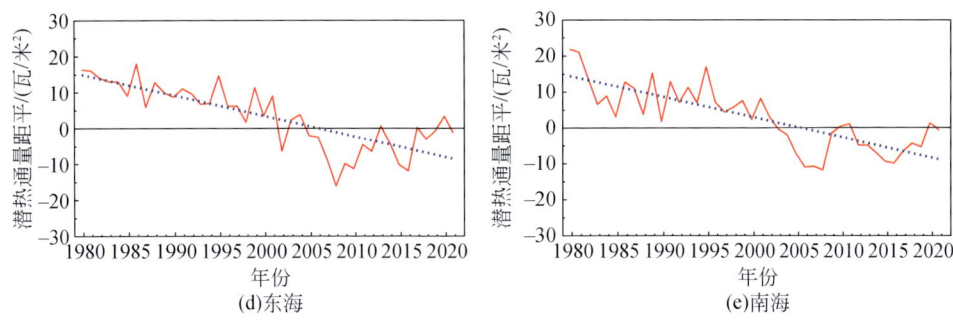

图 2.48 1980~2021 年中国沿海潜热通量距平

Figure 2.48 Latent heat flux anomalies (LHFA) along the China coast from 1980 to 2021

(a) the China sea, (b) the Bohai Sea, (c) the Yellow Sea, (d) the ECS and (e) the SCS

2021年，中国沿海潜热通量较常年低约1.9瓦/米²，比2020年低约3.5瓦/米²，与常年相比，渤海、黄海、东海和南海沿海潜热通量分别低4.4瓦/米²、1.4瓦/米²、1.2瓦/米²和0.7瓦/米²；与2020年相比，渤海、黄海、东海和南海沿海潜热通量分别下降4.8瓦/米²、2.8瓦/米²、4.6瓦/米²和2.1瓦/米²（图2.49）。

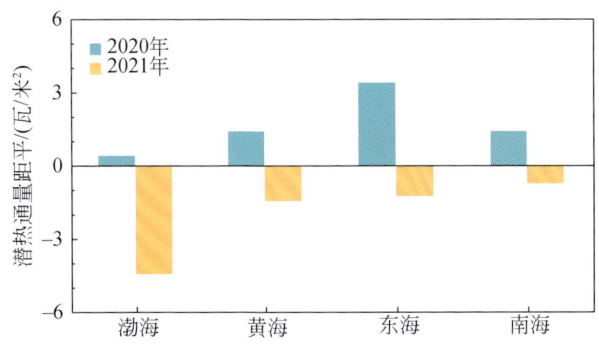

图 2.49 中国各海区沿海潜热通量距平

Figure 2.49 LHFA along the each sea coastal regions of China

2021年，中国沿海潜热通量月际波动较大，区域差异明显。与常年同期相比，4月和10~12月中国沿海潜热通量明显偏高，其中10月高15.1瓦/米²；2月、6月、8月和9月明显偏低，9月低33.9瓦/米²，为1980年以来同期最低，9月渤海、黄海、东海和南海沿海潜热通量分别低39.1瓦/米²、31.2瓦/米²、44.4瓦/米²和21.0瓦/米²，为1980年以来同期第二低、第三低、第四低和最低（图2.50）。

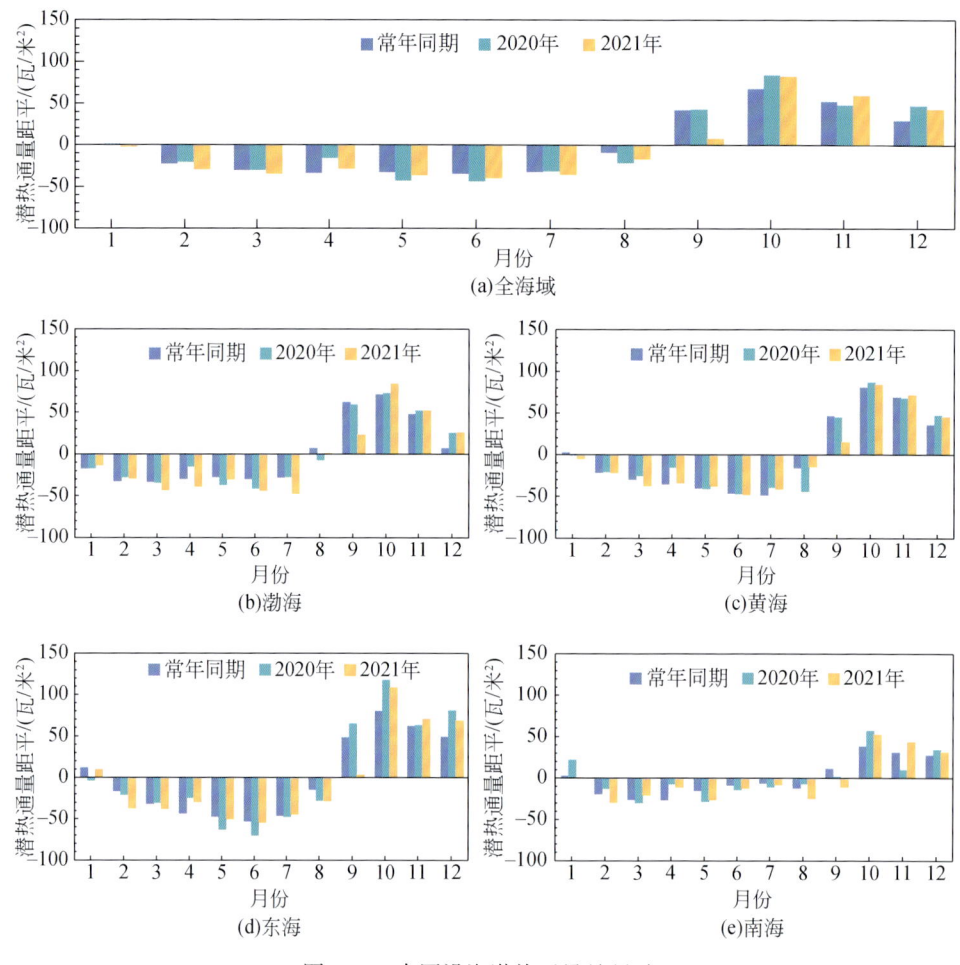

图 2.50　中国沿海潜热通量月距平

Figure 2.50　Monthly LHFA along the China coast

(a) the China sea, (b) the Bohai Sea, (c) the Yellow Sea, (d) the ECS and (e) the SCS

2.3　极端事件和典型海洋现象

2.3.1　海洋热浪

海洋热浪（Marine Heatwaves，MHWs）是大气和海洋相互耦合所导致的极端天气气候事件，持续的海洋热浪威胁海洋生态系统，破坏海洋生物多样性

(Smale et al., 2019)。自 20 世纪 80 年代以来，海洋热浪的频率几乎翻了一番，2021 年全球 57% 的海洋表面至少发生了一次海洋热浪。未来海洋热浪事件的频率、持续时间、空间范围和强度将进一步增加（IPCC，2021；WMO，2022）。

1982~2021 年，中国近海年平均海洋热浪发生频次、持续时间和累积强度均呈显著增加趋势，增加速率分别为 1.3 次 /10 年、9.7 天 /10 年和 7.8（℃·天）/10 年（图 2.51）。与 1982~1996 年相比，1997~2021 年海洋热浪发生次数显著增多，持续时间增多，累积强度增强。

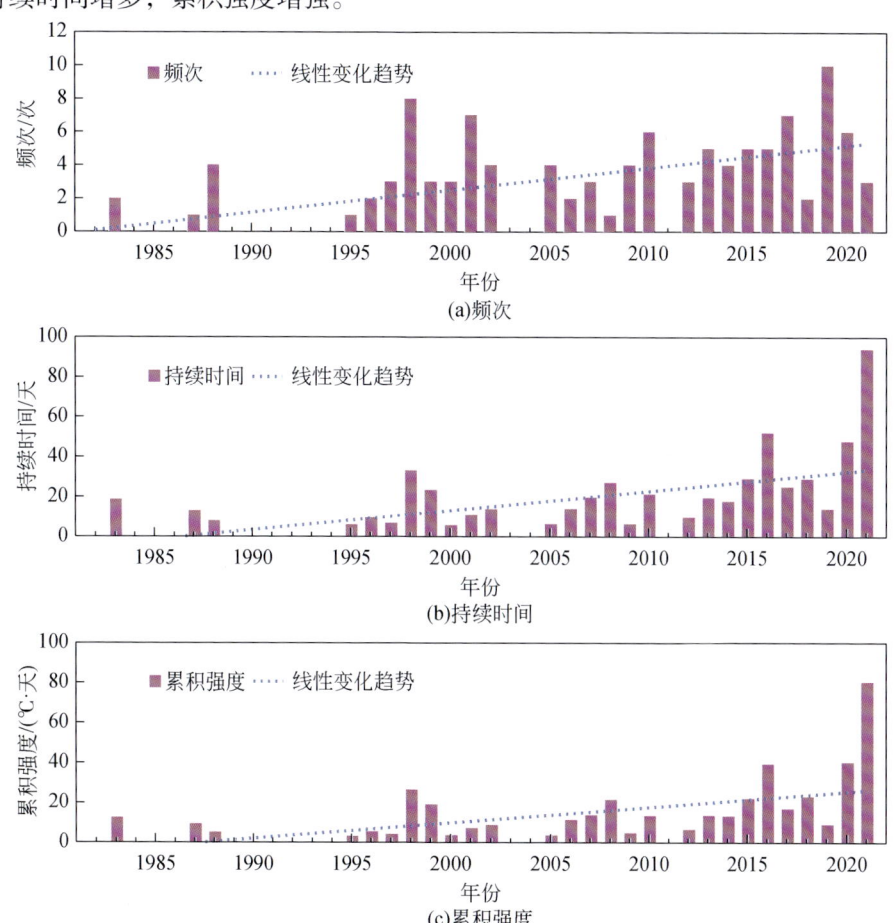

图 2.51　1982~2021 年中国近海平均海洋热浪特征变化

Figure 2.51　Variations of MHWs properties in the China offshore during 1982~2021
(a) frequency, (b) duration and (c) cumulative intensity

2021 年，中国近海 99.5% 的海域至少发生了一次海洋热浪事件，72.8% 的海域发生强及以上级别海洋热浪事件,江苏外海海域海洋热浪发生频次达到11~13次,渤莱湾、江苏近海、浙江外海和南海北部海域发生海洋热浪的时间超过150天(图2.52和图2.53)。

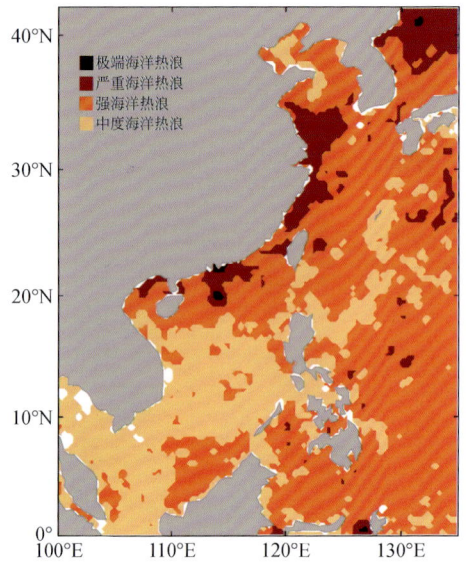

图 2.52 2021年中国近海最强海洋热浪级别图

白色代表没有发生海洋热浪

Figure 2.52 The highest MHWs category experienced in the China offshore for 2021

White indicates that no MHWs occurred

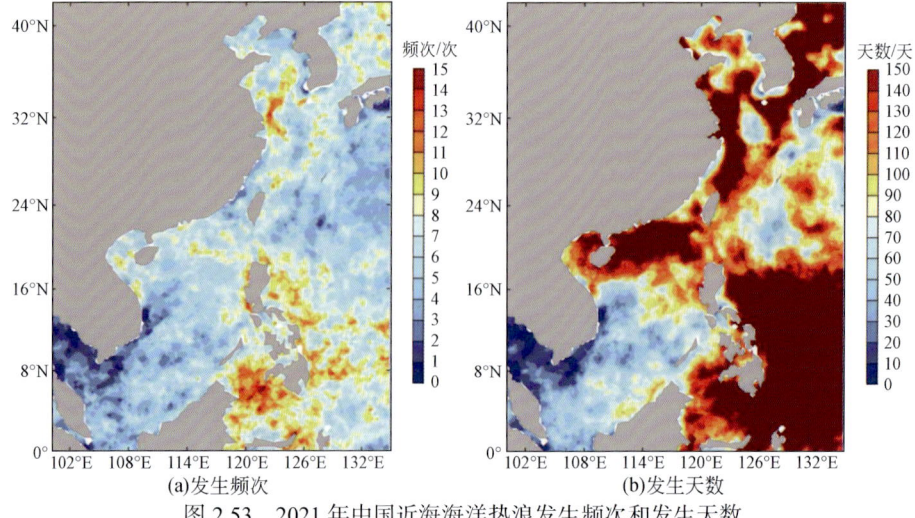

(a)发生频次　　　　　　　　　(b)发生天数

图 2.53 2021年中国近海海洋热浪发生频次和发生天数

Figure 2.53 MHWs (a) frequencies and (b) days occurred in the China offshore for 2021

2.3.2 极值潮位

气候变暖背景下，受海平面上升、潮差增加和风暴潮强度加大等因素影响，1960年以来，全球极端海平面事件发生频率呈增加趋势，1960~1980年全球沿海地区平均每年发生5次高潮位洪涝事件，1995~2014年发生频次增加为平均每年至少8次（IPCC，2021），1980年以来，中国沿海极值潮位总体呈上升趋势，导致沿海防护、水利和港口等工程防护能力下降，滨海洪涝灾害风险进一步增加。

1980~2021年，中国沿海年极值高潮位总体呈明显上升趋势，上升速率为4.7毫米/年，且区域特征明显。杭州湾沿海上升速率最大，为12.7毫米/年。与1993~2011年平均值相比，2021年中国沿海年极值高潮位总体高16厘米，其中杭州湾沿海偏高最为明显，为55厘米；山东龙口和辽宁葫芦岛沿海次之，分别偏高33厘米和31厘米（图2.54和图2.55）。

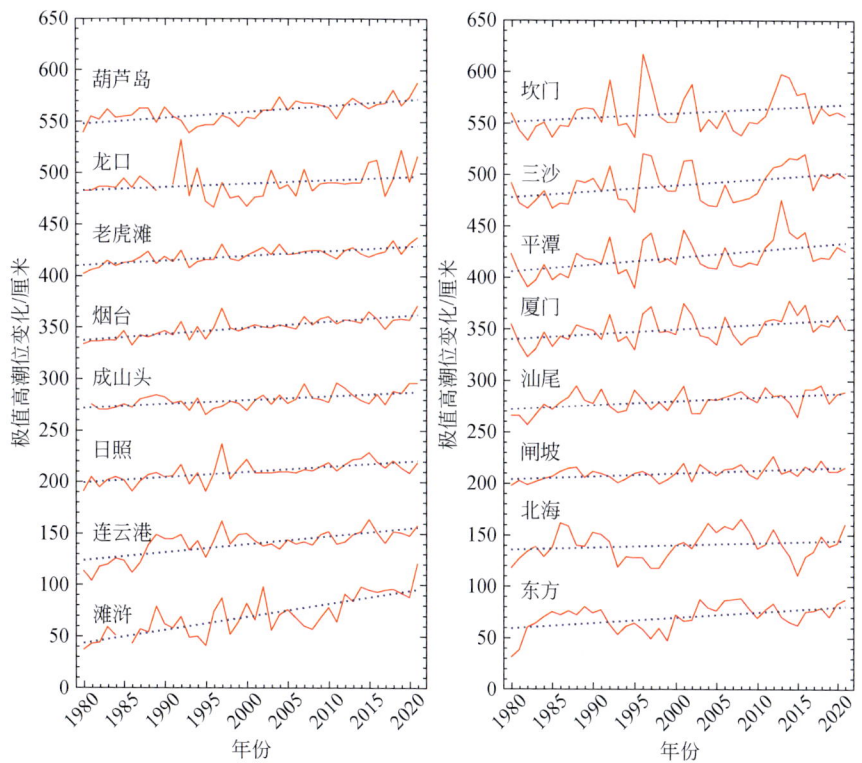

图 2.54　1980~2021年中国沿海代表站年极值高潮位变化

Figure 2.54　Variations of extreme high tide level at representative tide gauge stations along the China coast from 1980 to 2021

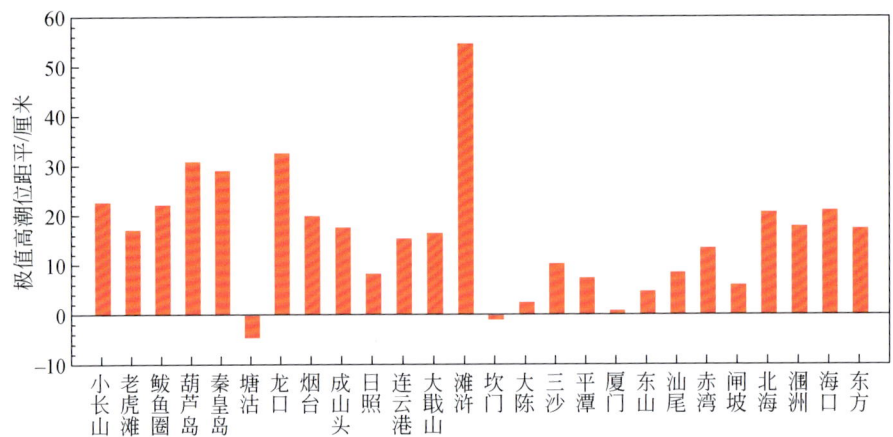

图 2.55　2021 年中国沿海代表站极值高潮位距平
（相对于 1993~2011 年平均值）

Figure 2.55　Anomalies of extreme high tide level at representative tide gauge stations along the China coast for 2021 (relative to 1993-2011 average)

1980~2021 年，中国沿海年极值低潮位总体呈上升趋势，上升速率为 3.2 毫米 / 年，且区域特征明显。天津沿海上升速率最大，为 9.7 毫米 / 年；山东半岛北部和珠江口沿海次之，上升速率为 8.3~8.6 毫米 / 年。与 1993~2011 年平均值相比，2021 年中国沿海年极值低潮位总体高 1.2 厘米，其中珠江口沿海年极值低潮位偏高最为显著，为 18 厘米；山东半岛北部、福建南部沿海偏高幅度也较大，为 12~13 厘米；辽东湾至天津沿海偏低 12~18 厘米（图 2.56 和图 2.57）。

第 2 章 中国海洋状况

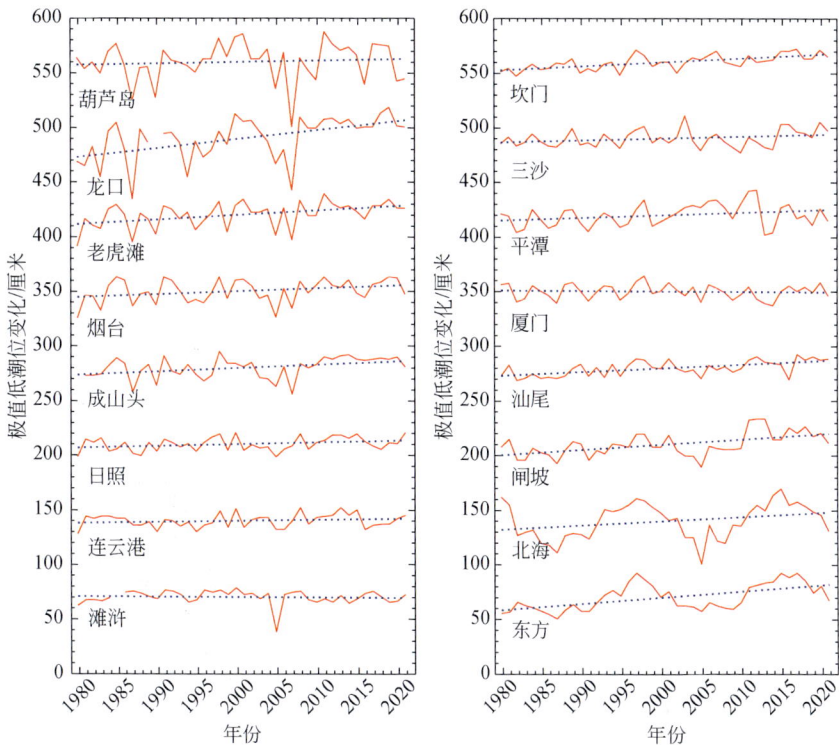

图 2.56　1980~2021 中国沿海代表站极值低潮位变化

Figure 2.56　Variations of extreme low tide level at representative tide gauge stations along the China coast from 1980 to 2021

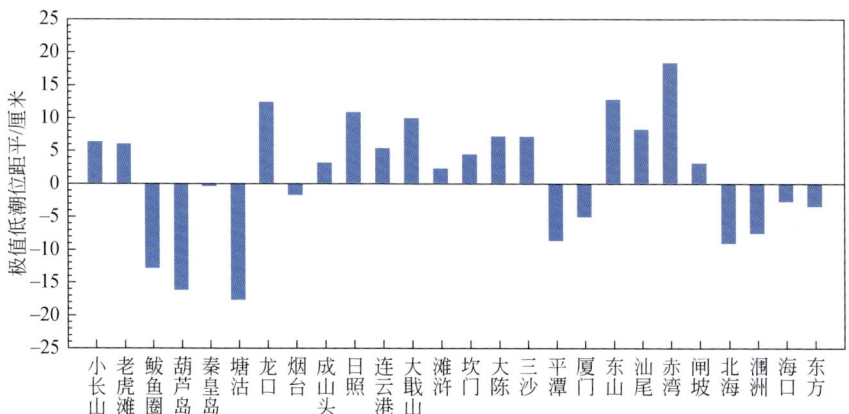

图 2.57　2021 年中国沿海代表站极值低潮位距平（相对于 1993~2011 年平均值）

Figure 2.57　Anomalies of extreme low tide level at representative tide gauge stations along the China coast for 2021 (relative to 1993-2011 average)

2.3.3 风暴潮

2000~2021 年,中国沿海致灾风暴潮次数呈增加趋势,其中 2013 年发生致灾风暴潮 14 次,为 2000 年以来最多的一年。2021 年,中国沿海共发生风暴潮过程 16 次,其中致灾风暴潮 9 次(其中包括台风风暴潮 6 次、温带风暴潮 3 次),较 2000~2020 年平均值多 1.5 次,比 2020 年多 2 次(图 2.58)。

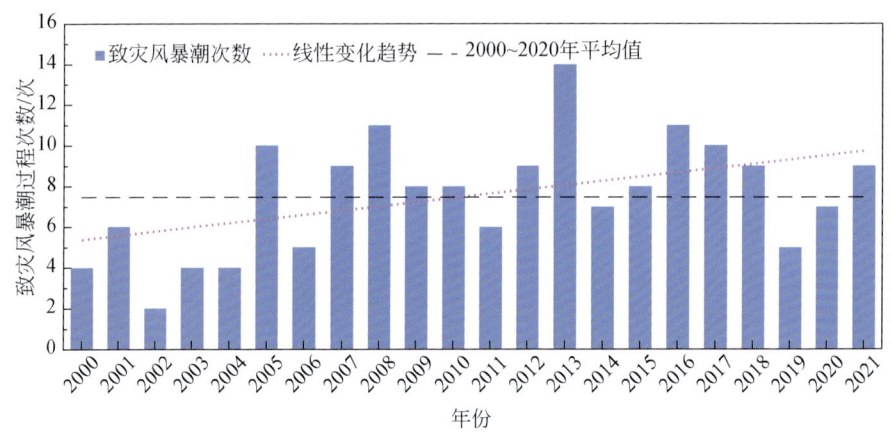

图 2.58　2000~2021 年中国沿海致灾风暴潮次数变化

Figure 2.58　Variation of the annual number of disaster storm surges along the China coast from 2000 to 2021

1980~2021 年,中国沿海年最大增水呈波动增长趋势,增速约为 2.14 厘米/年。年最大增水超过 400 厘米的年份有 4 个,分别发生在 1991 年台风"弗雷德"、2006 年台风"桑美"、2011 年台风"纳沙"和 2014 年台风"海鸥"影响期间,其中 2014 年 9 月 16 日台风"海鸥"影响期间,广东南渡站最大增水达 495 厘米;年最大增水的最小值出现在 1988 年 9 月 23 日"8818"号台风影响期间,福建白岩潭站最大增水为 170 厘米。2021 年 10 月,台风"圆规"影响期间,广东湛江站最大增水 211 厘米,低于 1993~2011 年平均最大增水,比 2020 年最大增水大 16 厘米(图 2.59)。

第 2 章　中国海洋状况

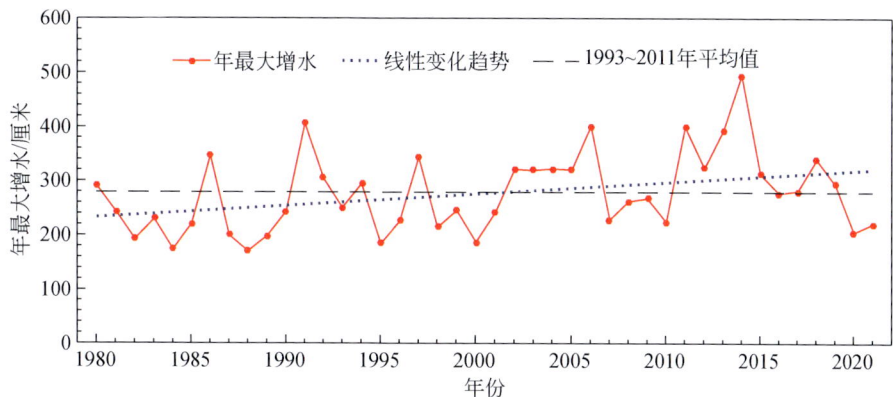

图 2.59　1980~2021 年中国沿海年最大增水变化

Figure 2.59　Variation of annual maximum surge along the China coast from 1980 to 2021

中国沿海年最大增水区域和时间特征明显，渤莱湾、杭州湾、珠江口以及温州、汕头和湛江沿海发生次数相对较多，其中温州鳌江和湛江沿海发生次数最多。年最大增水发生时间多集中在 7~9 月，其中 9 月发生次数最多，达 16 次；年最大增水绝大多数发生在风暴潮影响期间，其中台风风暴潮引发的年最大增水比例超过 85%（图 2.60）。

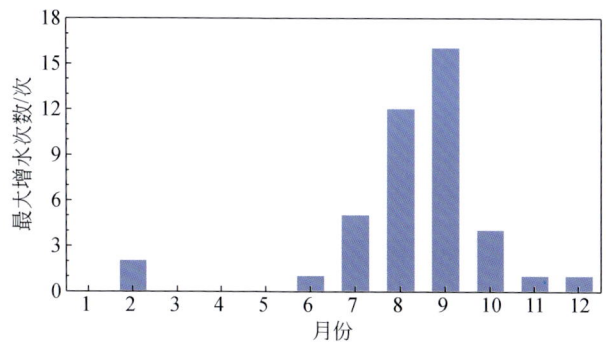

图 2.60　1980~2021 年各月中国沿海年最大增水次数变化

Figure 2.60　Variation of annual maximum surge times along the China coast from 1980 to 2021

2.3.4　灾害性海浪

灾害性海浪包括灾害性冷空气和气旋浪及灾害性台风浪。2004~2021 年，中

71

国近海有效波高4.0米(含)以上的灾害性海浪次数没有明显的变化趋势。2021年，中国近海出现灾害性海浪过程35次，较2004~2020年平均值少1.6次，比2020年少1次，在2004年以来处于居中位置；出现灾害性冷空气和气旋浪过程24次，较2004~2020年平均值多2.5次，比2020年多6次；出现灾害性台风浪过程11次，较2004~2020年平均值少4.1次，比2020年少7次（图2.61）。

图2.61　2004~2021年中国沿海灾害性海浪次数变化

Figure 2.61　Variation of the number of disastrous waves along the China coast from 2004 to 2021

2021年，致灾性海浪过程共发生9次。人员死亡（含失踪）最严重的致灾性海浪过程出现在3月2日冷空气影响期间。受此冷空气影响，东海出现了有效波高2.5~4.5米的大浪到巨浪，舟山外海MF06001浮标实测最大有效波高3.7米、最大波高6.0米。"深联成707"远洋渔船在浙江温州海域发生倾覆，造成10人落水，5人被救起，5人失踪，直接经济损失570.00万元。

2.3.5　极端气温

气候变暖背景下，极端天气气候事件日益加剧，自20世纪中叶以来，全球极端高温的频次和强度总体有所增加，极端低温的频次和强度总体有所下降（IPCC，2021）。20世纪80年代以来，全球暖昼平均日数呈明显增加趋势，冷夜平均日数呈明显减少趋势（Dunn et al.，2022），中国沿海呈现与之类似的变化趋势特征，但变化强度高于全球平均水平。

1980~2021年，中国沿海暖昼日数增加趋势显著，速率为8.36天/10年。2021年，中国沿海暖昼日数约为65.3天，比常年（35.7天）多29.6天，为1980年以来最多[图2.62（a）]；黄海、东海和南海沿海暖昼日数均为1980年以来最多，渤海沿海暖昼日数为1980年以来第二多，仅少于2017年。

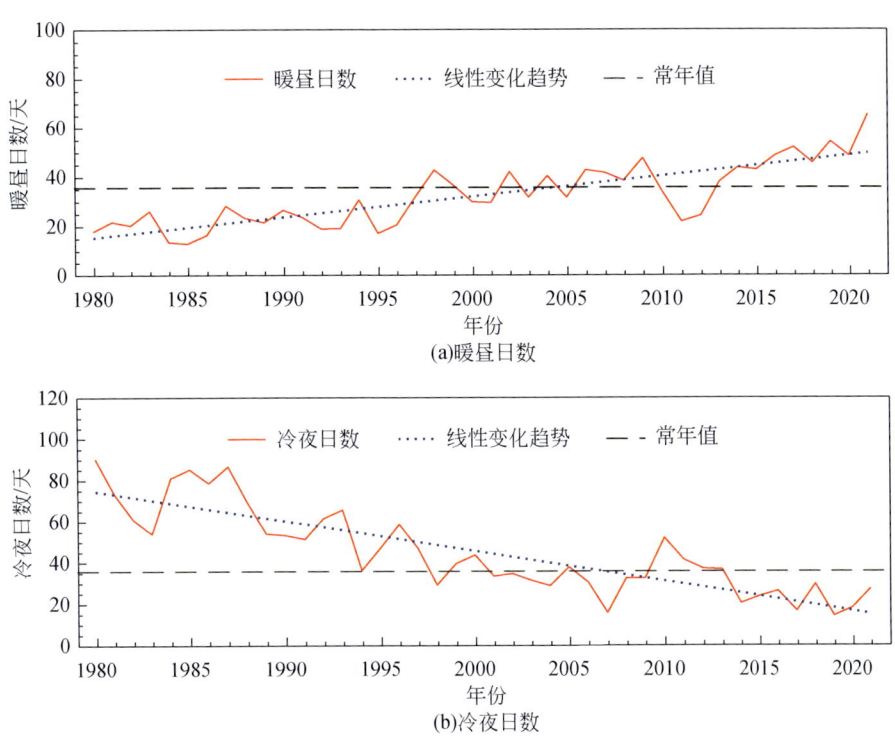

图2.62　1980~2021年中国沿海暖昼和冷夜日数变化

Figure 2.62　Variations of numbers of (a) warm days and (b) cold nights along the China coast from 1980 to 2021

1980~2021年，中国沿海冷夜日数减少趋势显著，速率为14.46天/10年。2021年，中国沿海平均冷夜日数为27.4天，比常年（35.9天）少8.5天，比2020年增加9.1天[图2.62（b）]；与2020年相比，渤海、黄海、东海和南海沿海平均冷夜日数均有所增加，南海沿海增幅最大，为13.0天，黄海沿海增幅最小，为2.0天。2021年1月7日前后的寒潮天气过程期间，塘沽、小麦岛、日照和连云港海洋站最低气温分别达–18.1℃、–16.4℃、–16.6℃和–13.6℃，为1965年以来最低，秦皇岛海洋站最低气温达–19.7℃，为1965年以来第二低。

1980~2021年，中国沿海极端高温事件累积强度增加趋势显著，速率为每10年7.25℃·天。2021年，中国沿海极端高温事件累积强度为28.2℃·天，比常年高3.4℃·天，比2020年减少2.5℃·天[图2.63（a）]；南海沿海比常年高19.8℃·天，为1980年以来第二高，仅低于2015年，其中汕头和海口沿海达到1980年以来最高；渤海沿海比常年低9.1℃·天。

1980~2021年，中国沿海极端低温事件累积强度呈明显波动下降趋势，速率为每10年8.99℃·天，20世纪80年代后期下降明显，之后呈微弱的下降趋势。2021年，中国沿海极端低温事件累积强度为46.6℃·天，比常年高9.6℃·天，比2020年增加30.0℃·天[图2.63（b）]；黄海沿海极端低温事件累积强度比常年高25.1℃·天，东海沿海极端低温事件累积强度比常年低2.8℃·天。

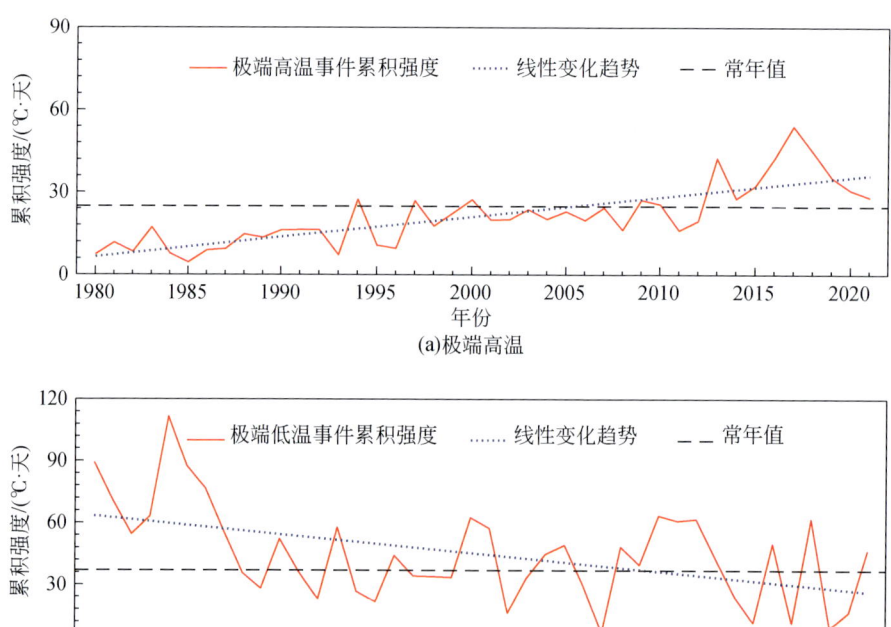

图2.63　1980~2021年中国沿海极端高温和极端低温事件累积强度变化

Figure 2.63　Variations of accumulated intensities of the (a) high temperature extremes and (b) low temperature extremes along the China coast from 1980 to 2021

2.3.6 极端降水

气候变暖背景下，近40年全球陆地平均降水量增加速率加快，强降水事件的频次和强度都有所增加，强降水、极端海平面和风暴潮等引发的复合型滨海城市洪涝强度加大且更频繁（IPCC，2021），影响沿海城市公共安全和经济社会发展。

1980~2021年，中国沿海强降水日数总体呈微弱增加趋势，速率为0.18天/10年（图2.64），区域特征明显。渤海和黄海海沿海增速最大，分别为0.28天/10年和0.29天/10年，东海次之，为0.25天/10年，南海沿海强降水日数无明显变化趋势。

2021年，中国沿海强降水日数较常年多1.3天，呈北多南少分布特征。杭州湾以北沿海强降水日数较常年多6.7天，其中塘沽较常年多16.7天，为1980年以来最多；福建中部至广东中部沿海强降水日数较常年少5.5天，其中云澳站较常年少10.0天，为1980年以来最少。

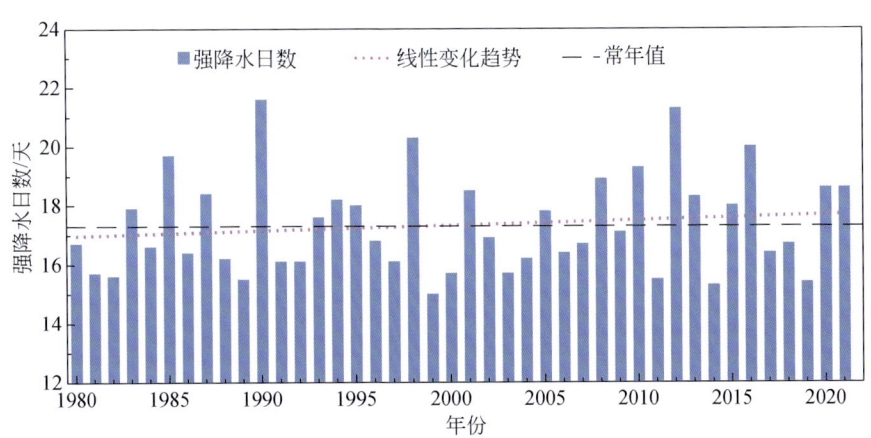

图2.64　1980~2021年中国沿海强降水日数变化

Figure 2.64　Variation of heavy rainfall days along the China coast from 1980 to 2021

1980~2021年，中国沿海暴雨及以上级别（日降水量≥50毫米）的降水日数呈增多趋势，增加速率为0.10天/10年（图2.65）。东海沿海暴雨及以上级别的降水日数增多最明显，增加速率为0.27天/10年；渤海和黄海沿海呈微弱增加趋势；南海沿海无明显变化趋势。

2021年，中国沿海暴雨及以上级别降水日数平均为4.3天，比常年多0.2天。葫芦岛站、塘沽站和滩浒站最大日降水量分别为165.3毫米（9月20日）、102.6毫米（7月29日，台风"烟花"影响）和141.4毫米（7月26日，台风"烟花"影响），均为该站1980年以来最大。

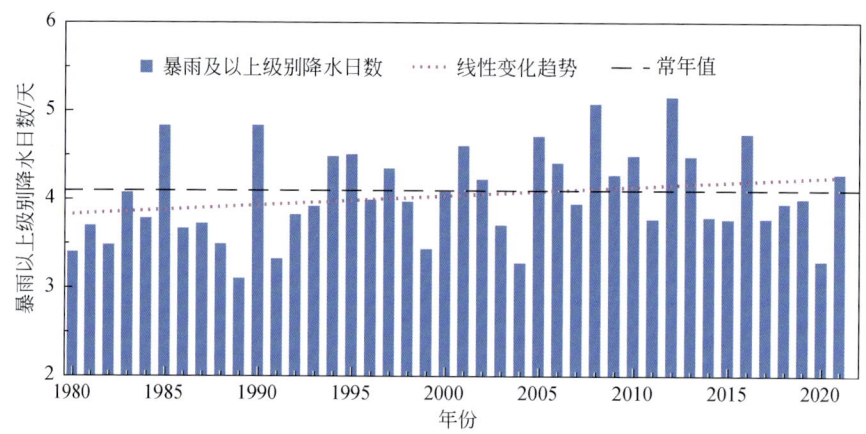

图 2.65　1980~2021年中国沿海暴雨及以上级别降水日数变化

Figure 2.65　Variation of rainstorm days along the China coast from 1980 to 2021

2.3.7　黄海冷水团

黄海冷水团是位于黄海中部洼地的深层和底部的低温高盐季节性水团，是中国近海最突出的海洋现象之一。黄海冷水团包括北黄海冷水团和南黄海冷水团。1976~1999年北黄海冷水团以0.05℃/年增幅略呈上升趋势，盐度的升降趋势不明显（江蓓洁等，2007）。黄海冷水团的变化是区域海洋对全球性气候变化的响应结果，其状况对生物群落的分布、渔业资源的获取和渔业养殖活动有着重要的意义。

1980~2021年，北黄海冷水团8月最低温度呈微弱上升趋势，南黄海冷水团8月最低温度上升速率为0.24℃/10年，且伴随较明显的年际和年代际变化特征。20世纪80年代最低温度总体偏低，20世纪90年代初到21世纪初以偏高为主，2011年后升温趋势较为显著。

2021年，北黄海冷水团8月最低温度较常年同期高0.46℃，比2020年同期下降1.45℃，为1980年以来第十一高；南黄海冷水团8月最低温度较常年同期高0.40℃，比2020年同期下降1.31℃，为1980年以来第八高（图2.66）。

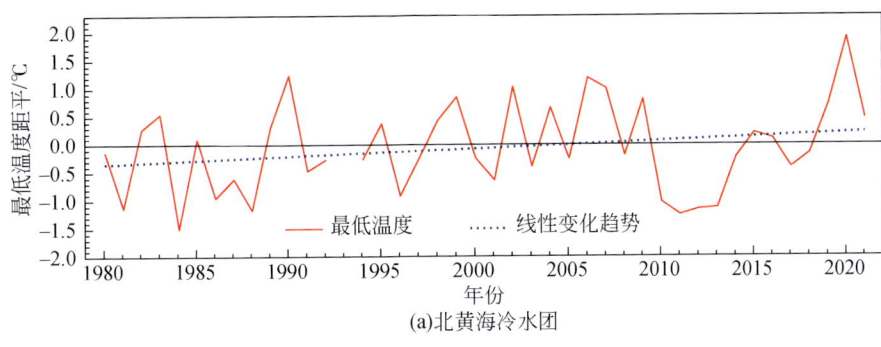

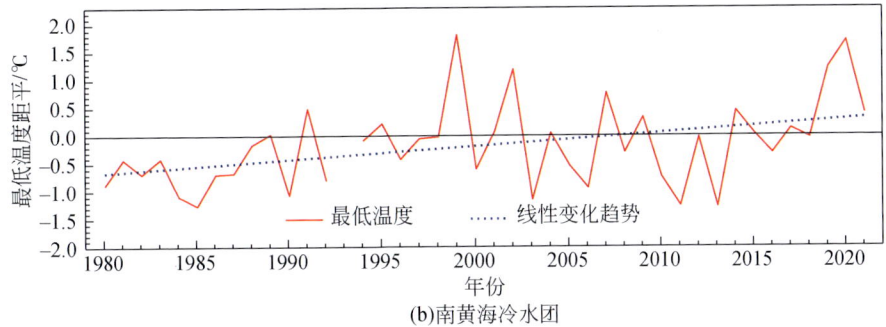

图 2.66　1980~2021 年黄海冷水团 8 月份最低温度距平

Figure 2.66　Minimum temperature anomalies of the Yellow Sea cold water mass (YSCWM) in August from 1980 to 2021

(a) the northern YSCWM and (b) the southern YSCWM

2.3.8　黑潮

黑潮是北太平洋的一支强大的西边界暖流，通过与陆架水相互作用，影响着中国近海环流分布和温盐结构（苏纪兰，2001），进而影响着营养物质以及其他化学物质的分布，对中国海洋生态状况以及气候有着重要的影响（丁良模，1992；徐龙，2003）。

2000~2021 年，黑潮入侵东海的表面流量呈下降趋势，下降速率为每 10 年 0.06×10^4 米^2/秒。2001~2009 年表面流量总体偏大，2011~2018 年下降趋势明显，2018 年为近 20 年最小，2021 年比 2020 年偏小。

2000~2021 年，黑潮入侵南海的表面流量呈微弱上升趋势，且伴随较明显的年代际变化特征。2003~2005 年表面流量总体偏小,其中 2004 年为近 20 年最小,2009~2013 年明显偏大,2014~2019 年接近 2000~2019 年平均值,2021 年为近 8 年最高(图 2.67)。

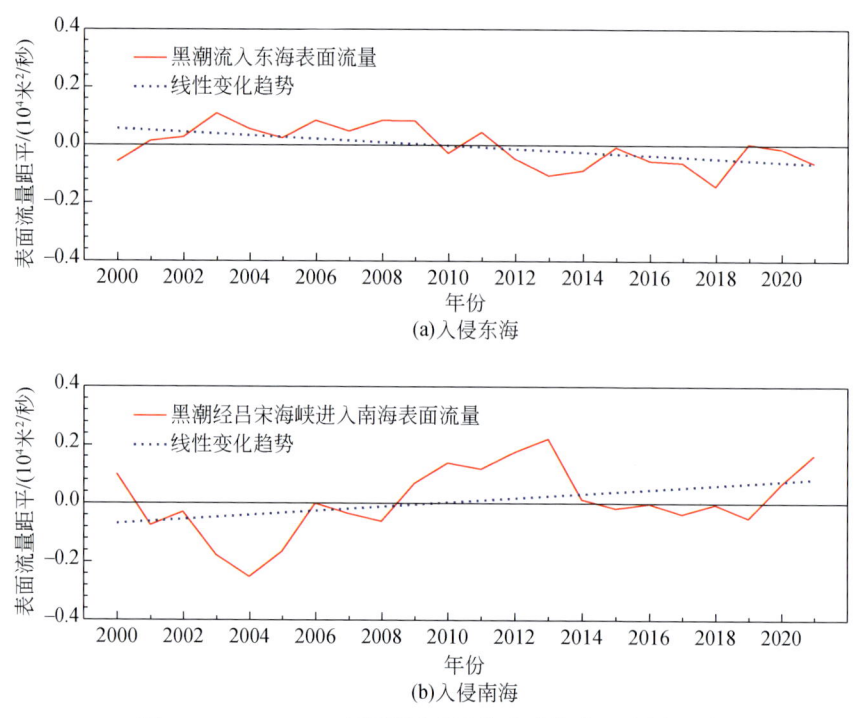

图 2.67　2000~2021 年黑潮入侵东海和南海表面流量距平
(相对于 2000~2019 年的平均值)

Figure 2.67　Surface dischange anomalies of the Kuroshio intrusion into the (a) ECS and (b) SCS from 2000 to 2021 (relative to 2000-2019 average)

第 3 章　影响中国海洋状况的主要因素

中国近海地处季风最明显的气候带，东亚季风、西北太平洋副热带高压、中 - 高纬度大气涛动等的变化，对中国近海海表温度、海平面、气温和降水等产生重要影响。海洋异常变化及其与大气间的能量传输和物质交换也是影响中国近海海洋气候变化的重要因素。厄尔尼诺和南方涛动是至关重要的全球大气和海洋相互耦合的年际变率信号，与中国海洋状况遥相关显著。

3.1　大气环流

3.1.1　东亚季风

东亚季风对中国近海海洋环境、天气和气候有较强的作用，其活动具有显著的年际和年代际变化特征。自 20 世纪 70 年代（20 世纪 80 年代中期）以来，东亚夏季风（东亚冬季风）有减弱趋势（丁一汇等，2018；中国气象局气候变化中心，2022）。

1961~2021 年，东亚夏季风强度总体呈减弱趋势，并伴随年际和年代际波动。1961~1980 年，东亚夏季风强度下降明显，1980~2009 年，东亚夏季风强度总体偏弱，2010~2021 年东亚夏季风强度总体偏强。2021 年，东亚夏季风指数（郭其蕴，1983）为 1.01，强度较 2020 年偏强（图 3.1）。

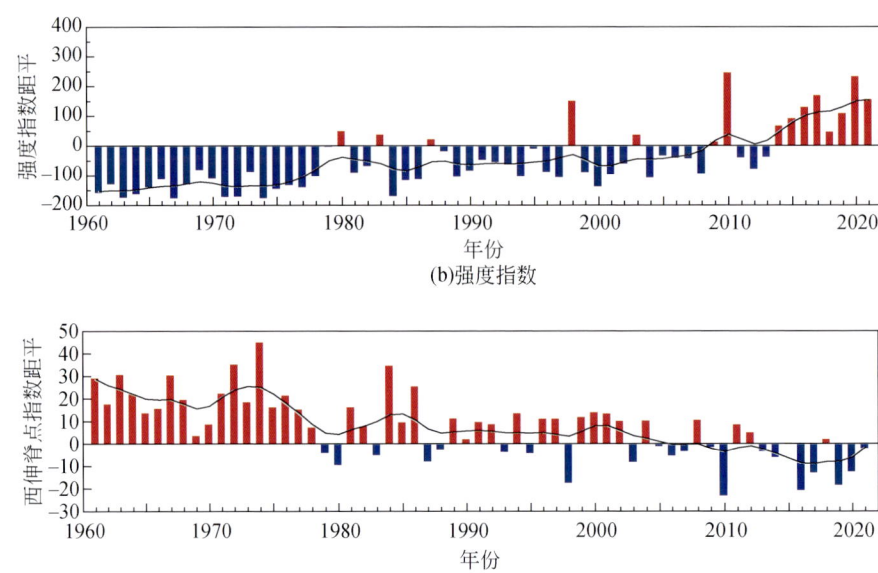

图 3.4　1961~2021 年夏季西北太平洋副热带高压指数距平

数据来源：中国气象局国家气候中心

Figure 3.4　Western North Pacific subtropical high (a) area index, (b) intensity index and (c) western ridge point index anomalies in the summers of 1961 to 2021

Data source: China Meteorological Administration, National climate center

3.1.3　北极涛动

北极涛动（Arctic Oscillation，AO）是北半球中纬度和高纬度地区平均气压此消彼长的一种现象。AO 为正位相时，中纬度地区气压上升，极地气压下降，中纬度盛行纬向环流；反之处于负位相时盛行径向环流（Thompson and Wallace，1998）。AO 对北半球气候变化有重要影响，尤其对我国冬季的气温和降水影响显著（龚道溢和王绍武，2003）。

1961~2021 年，冬季北极涛动指数年代际波动特征明显，1961~1988 年和 1996~2013 年冬季北极涛动以负位相为主，1989~1995 年和 2014~2020 年冬季北极涛动以正位相为主（图 3.5）。2020/2021 年，冬季北极涛动指数为 –1.80，强度较常年偏大，中纬度地区气压下降，极地气压上升（图 3.6），中国北方遭受强寒潮侵袭，多地观测到的最低气温突破建站以来的历史极值，北京大部地区

最低气温在 –24~–18℃，南郊观象台最低气温达 –19.6℃，为 1966 年以来的最低气温（张颖娴等，2022）。

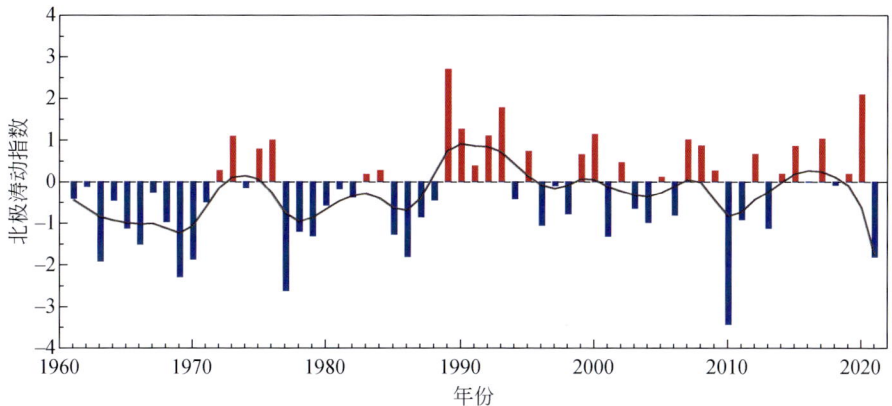

图 3.5　1961~2021 年冬季北极涛动指数变化

Figure 3.5　Variation of the Arctic Oscillation index in the winters of 1961 to 2021

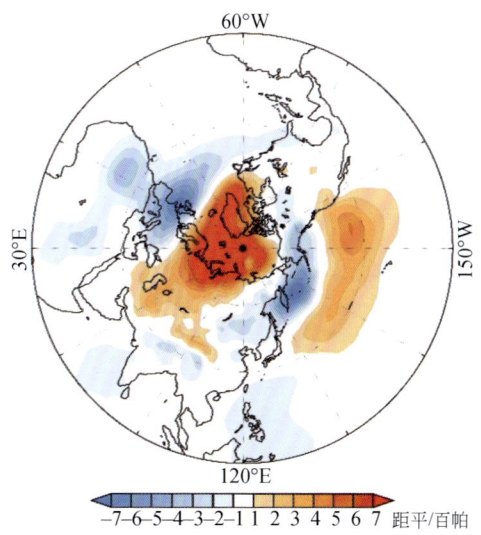

图 3.6　2020/2021 年冬季北半球海平面气压距平分布
数据来源：美国国家环境预报中心 / 美国国家大气研究中心

Figure 3.6　Distribution of SLPA over the Northern Hemisphere in winter 2020/2021
Data source: National Centers for Environmental Prediction / National Centers for Atmospheric Research

3.2 厄尔尼诺和南方涛动

厄尔尼诺和南方涛动是同一现象在海洋和大气中的不同表现形式，具有2~7年的显著准周期振荡特征，通过驱动热带-热带外大气环流异常变化影响全球天气和气候，增加极端事件的发生概率。在大多厄尔尼诺年，东亚地区的冬季往往较常年偏暖，次年夏天长江流域降水增多，中国沿海海平面出现偏低现象（余荣和翟盘茂，2018；Wang et al., 2018）。

1950~2021年，赤道中东太平洋海表温度距平有明显的年际变化特征。根据《厄尔尼诺/拉尼娜事件判别方法》（全国气候与气候变化标准化技术委员会，2017），1950~2021年共发生21次厄尔尼诺事件（3次极强事件），17次拉尼娜事件（1次极强事件）。2021年，Niño3.4区海表温度距平值约为 –0.69℃，较2020年下降约0.46℃（图3.7）。

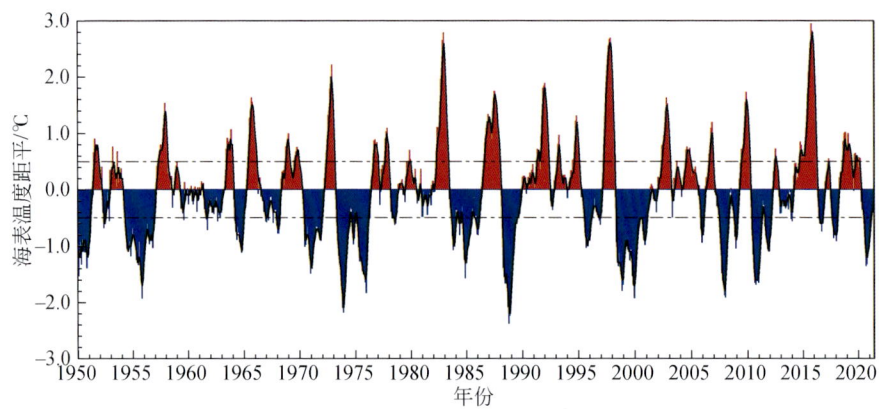

图 3.7　1950~2021年赤道中东太平洋（Niño3.4区）平均海表温度距平
点划线为海表温度距平 ±0.5℃线
Figure 3.7　SSTA in the central and eastern equatorial Pacific (Niño3.4) from 1950 to 2021
dash-dotted line indicates ±0.5℃

2020年8月开始的中等强度拉尼娜事件于2021年4月结束。2021年9月再次进入拉尼娜状态，到2022年9月仍在持续（图3.8）。2021年，持续时间

第 3 章 影响中国海洋状况的主要因素

较长的拉尼娜事件造成北大西洋飓风季热带气旋活动增多（WMO，2022），中国沿海海平面达 1980 年以来最高（2021 年中国海平面公报），河南多地出现破纪录的极端强降水事件（张颖娴等，2022）。

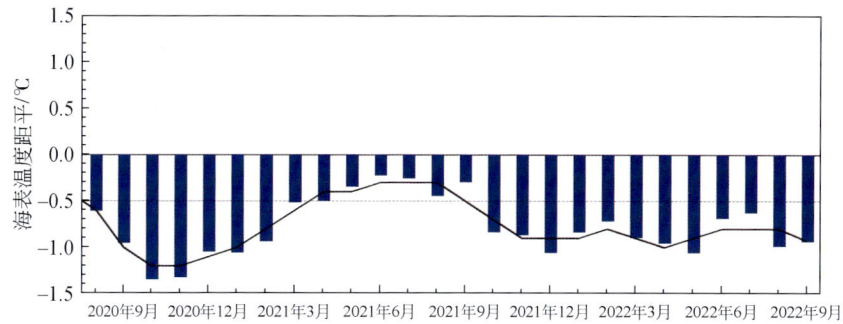

图 3.8 2020 年 8 月到 2022 年 9 月 Niño3.4 区海表温度距平

黑线为 3 个月滑动平均

Figure 3.8 SSTA in Niño 3.4 region from August 2020 to September 2022

the black solid line indicates the moving average of three months

2020 年 8 月至 2022 年 2 月，南方涛动指数（Southern Oscillation Index，SOI）均为正值（图 3.9）。2021 年 12 月，赤道太平洋沃克环流偏强，异常上升支位于赤道太平洋 140°E 附近，异常下沉支位于赤道中太平洋 160°E~180°E 海域，赤道中东太平洋大部对流活动受抑制（图 3.10）。

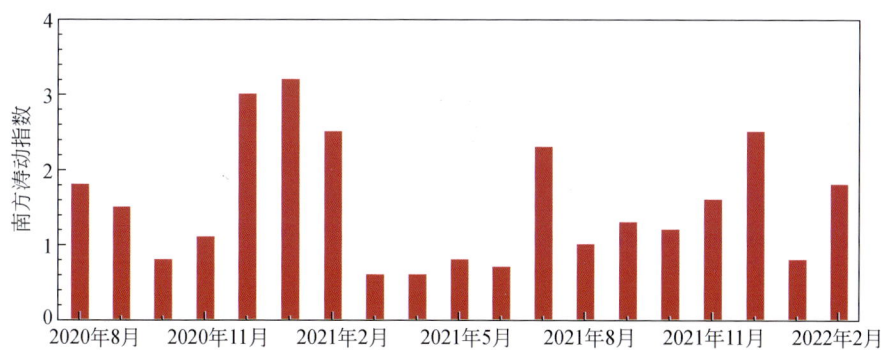

图 3.9 2020 年 8 月到 2022 年 2 月南方涛动指数的逐月演变

Figure 3.9 Monthly evolution of SOI from August 2020 to February 2022

85

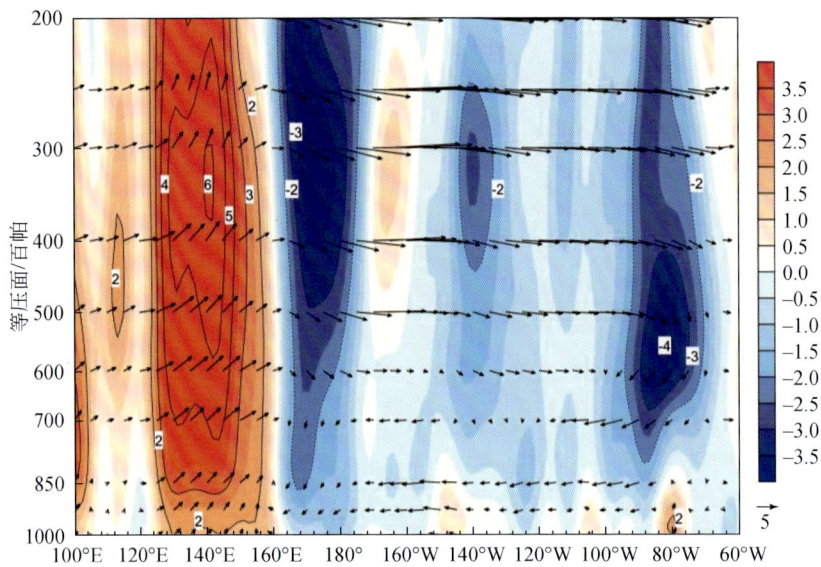

图 3.10 2021 年 12 月赤道太平洋纬向垂直环流距平
垂直速度扩大 100 倍，单位：百帕/秒，纬向风单位：米/秒

Figure 3.10 Walker circulation anomalies in the equatorial Pacific Ocean in December 2021
Vertical velocity is enlarged by 100 times; unit: hPa/s. Zonal wind unit: m/s

3.3 印度洋偶极子

热带印度洋偶极子（Tropical Indian Ocean Dipole，TIOD）是热带西印度洋和东南印度洋海表温度的跷跷板式反向变化（Saji et al.，1999；Webster et al.，1999），具有明显的季节位相锁定特征，可通过海气耦合作用，对东亚降水、台风和极端高温等产生显著影响。在全球变暖背景下，未来强 TIOD 事件发生概率将会增加，弱 TIOD 事件发生概率将会减少（Cai et al.，2020）。

2021 年，TIOD 指数为 –0.38℃，较 2020 年低 0.12℃，TIOD 负位相与拉尼娜事件的协调作用，促使冬季和春季澳大利亚大部地区降雨偏多（WMO，2022）。1994 年、1997 年和 2019 年 TIOD 较强，其中 2019 年达到 1950 年以来最强（图 3.11），导致 2019 年冬季东亚地区出现极端暖异常，以及 2020 年初夏东亚地区极端梅雨的发生（姜继兰等，2021）。

第 3 章 影响中国海洋状况的主要因素

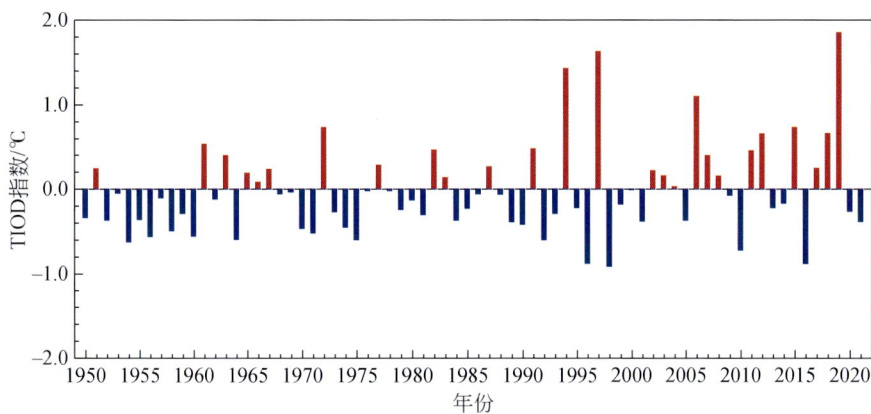

图 3.11 1950~2021 年热带印度洋偶极子指数变化
资料来源：中国气象局国家气候中心
Figure 3.11 Variation of TIOD index from 1950 to 2021
Data source: China Meteorological Administration, National climate center

3.4 太平洋年代际振荡

太平洋年代际振荡（Pacific Decadal Oscillation，PDO）是一种年代际尺度上的气候变率强信号（Zhang et al., 1997），对全球及中国气候系统的影响较为显著，可直接造成太平洋及其周边地区（包括我国）以及北极气候的年代际变化（Chen et al., 2013）。同时，PDO 主导了中国东部年代尺度降水的分布格局（Yang et al., 2017）。在全球变暖背景下，PDO 可预测性减弱（Li et al., 2019）。

1950~1975 年，PDO 处于冷位相期；1976~1998 年，PDO 主要处于暖位相期。2008~2013 年，PDO 显著偏弱，处于冷位相期；2014~2019 年，PDO 显著偏强，处于暖位相期。2021 年，PDO 指数为 –1.37，较 2020 年低 1.11，平均海表温度距平呈现为热带中东太平洋偏低，北太平洋中部偏高的分布特征（图 3.12 和图 3.13）。

中国气候变化海洋蓝皮书（2022）

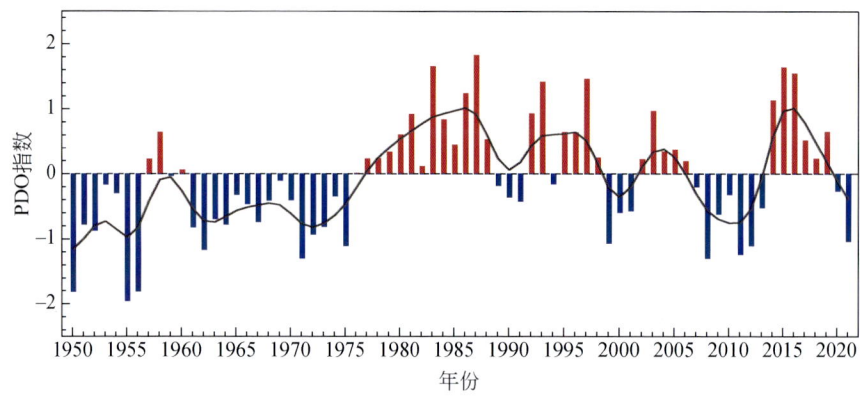

图 3.12　1950~2021 年太平洋年代际振荡指数变化

数据来源：日本气象厅

Figure 3.12　Variation of Pacific Decadal Oscillation index from 1950 to 2021

Data source: Japan Meteorological Agency

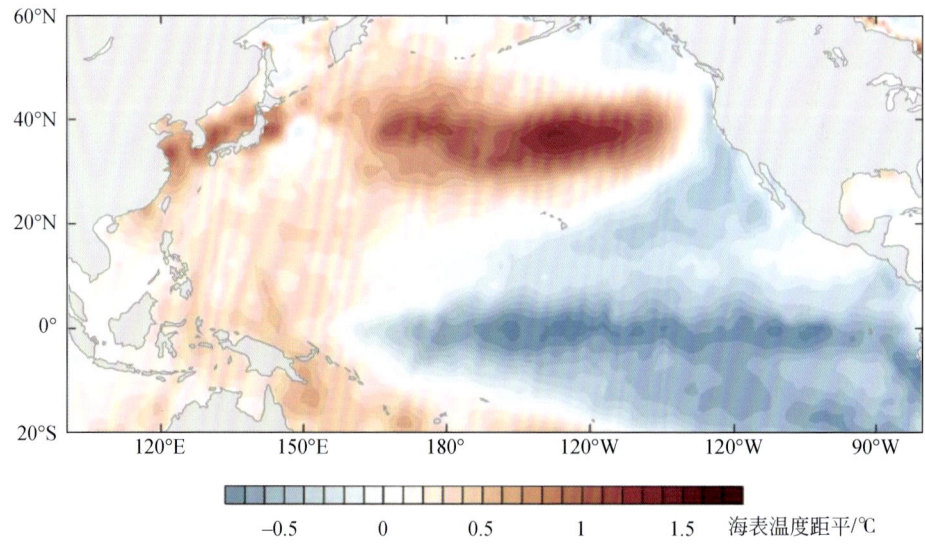

图 3.13　2021 年太平洋海表温度距平分布

Figure 3.13　Distribution of SSTA over the Pacific Ocean for 2021

3.5 大西洋多年代际振荡

大西洋多年代际振荡（Atlantic Multidecadal Oscillation，AMO）是指发生在北大西洋区域，空间上具有海盆尺度的，时间上具有多年代际尺度（65~80年）的海表面温度异常变化现象，是大西洋海表面温度变化的主导模态，能够调控全球增暖多年代际变率，对全球及区域气候具有重要影响（Li et al.，2020），同时可通过与 PDO 的协同作用，影响我国东部年代尺度降水分布格局（Zhang et al.，2018）。

1950~1962 年，AMO 处于暖位相期；1963~1996 年，AMO 处于冷位相期。1997~2021 年，AMO 处于暖位相期。2021 年，AMO 指数为 0.23，较 2020 年低 0.05（图 3.14）。

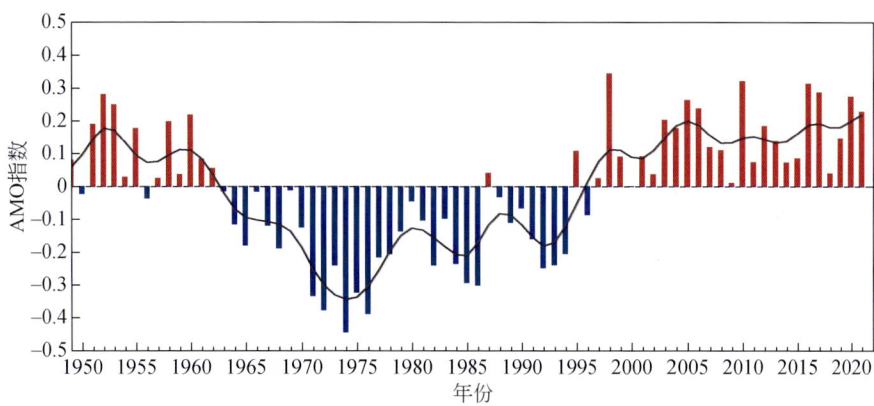

图 3.14　1950~2021 年大西洋多年代际振荡指数变化
数据来源：美国国家海洋与大气管理局物理科学实验室
Figure 3.14　Variation of AMO index from 1950 to 2021
Data source: NOAA Physical Sciences Laboratory

参 考 文 献

丁良模.1996.黑潮海域海面放热量对山东夏季降水的影响.海洋学报,(5):140-145.

丁一汇,司东,柳艳菊,等.2018.论东亚夏季风的特征、驱动力与年代际变化.大气科学,42(3):533-558.

龚道溢,何学兆.2002.西太平洋副热带高压的年代际变化及其气候影响.地理学报,57(2):185-193.

龚道溢,王绍武.2003.近百年北极涛动对中国冬季气候的影响.地理学报,58(4):559-568.

郭其蕴.1983.东亚夏季风强度指数及其变化的分析.地理学报,38(3):207-217.

江蓓洁,鲍献文,吴德星,等.2007.北黄海冷水团温、盐多年变化特征及影响因素.海洋学报,29(4):1-10.

姜继兰,刘屹岷,李建平,等.2021.印度洋偶极子研究进展回顾.地球科学进展,36(6):579-591.

康建成,唐述林,刘雷保.2005.南极海冰与气候.地球科学进展,20(7):786-793.

刘敏,赵栋梁.2019.基于ERA-20C再分析资料的中国近海波候研究.中国海洋大学学报(自然科学版),49(7):1-10.

全国气候与气候变化标准化技术委员会.2017.厄尔尼诺/拉尼娜事件判别方法:GB/T33666-2017.北京:中国标准出版社.

苏纪兰.2001.中国近海的环流动力机制研究.海洋学报,(4):1-16

徐龙.2003.日本以南黑潮与黑潮延伸体三维流场的季节变化.青岛:中国海洋大学.

余荣,翟盘茂.2018.厄尔尼诺对长江中下游地区夏季持续性降水结构的影响及其可能机理.气象学报,76(3):408-419.

张颖娴,孙劭,刘远,等.2022.2021年全球重大天气气候事件及其成因.气象,48(4):459-469.

张自银,龚道溢,郭栋,等.2008.我国南方冬季异常低温和异常降水事件分析.地理学报,63(19):899-912.

中国气象局气候变化中心.2022.中国气候变化蓝皮书(2022).北京:科学出版社.

Alexander M A, Bhatt U S, Walsh J E. 2004. The atmospheric response to realistic Arctic sea ice anomalies in an AGCM during winter. Journal of Climate, 17(5):890-905.

Behrenfeld M J, O'Malley R T, Siegel D A, et al.2006. Climate-driven trends in contempo-rary ocean productivity. Nature, 444:752-755.

Bindoff N L, Cheung W W L, Kairo J G, et al. 2019.Changing Ocean, Marine Ecosystems, and Dependent Communities//IPCC Special Report on the Ocean and Cryosphere in a Changing

参考文献

Climate. Cambridge UK and New York NY USA: Cambridge University Press.

Blunden J, Arndt D S, 2020. State of the Climate in 2019. Bulletin of the American Meteorological Society, 101(8): S1–S429.

Breitburg D, Levin L A, Oschlies A, et al. 2018. Declining oxygen in the global ocean and coastal waters. Science, 359(6371): 1-11.

Cai W J, Yang K, Wu L X, et al.2020.Opposite response of strong and moderate positive Indian Ocean Dipole to global warming. Nature Climate Change,11:27-32.

Chen W, Feng J, Wu R. 2013.Roles of ENSO and PDO in the Link of the East Asian Winter Monsoon to the following Summer Monsoon. Journal of Climate,26(2):622-635.

Cheng L J, Abraham J, Trenberth K E, 2022. Another Record: Ocean Warming Continues through 2021 despite La Nia Conditions. Advances in Atmosphere Sciences, 39:373-385.

Church J A, White N J. 2015. A 20th century acceleration in global sea-level rise. Geophysical Research Letters, 33(1): 313-324.

Cummins P F, Ross T. 2020. Secular trends in water properties at Station P in the northeast Pacific: An updated analysis. Progress in Oceanography, 186:102329.

Dunn R J H, Donat M G, Schlegel R W, et al. 2022. State of the Climate in 2021. Bulletin American Meteorological Society, 103 (8): S33–S36.

Franz B A, Cetinić I, Gao M, et al. 2022. State of the Climate in 2021. Bulletin American Meteorological Society, 103 (8): S180–S183.

Hu D X, Wu L X, Cai W J, et al.2015.Pacific western boundary currents and their roles in climate. Nature, 522: 299-308.

Hu S J, Sprintall J, Guan C, et al. 2020. Deep-reaching acceleration of global mean ocean circulation over the past two decades. Science Advances, 6(6): 1-8.

IPCC.2013. Climate Change 2013: the Physical Science Basis. Cambridge: Cambridge University Press.

IPCC.2021. Summary for policymakers// Masson-Delmotte V, Zhai P, Pirani A. Climate Change 2021: The Physical Science Basis.Contribution of Working Group I to the Sixth Assessment Report of the Intergovernmental Panel on Climate Change. Cambridge: Cambridge University Press.

Ito T, Nenes A, Johnson M S, et al.2016. Acceleration of oxygen decline in the tropical Pacific over the past decades by aerosol pollutants. Nature Geoscience, 9:443-447.

Levin L A. 2018. Manifestation, drivers, and emergence of open ocean deoxygenation. Annual Review of Marine Science, 10(1): 229-260.

Li S J, Wu L X, Yang Y, et al. 2019. The pacific decadal oscillation less predictable under greenhouse warming. Nature Climate Change, 10:30-34.

Li Z Y, Zhang W J, Jin F F, et al. 2020. A robust relationship between multidecadal global warming rate variations and the Atlantic Multidecadal Variability. Climate Dynamics, 55:1945-1959.

Orr J C, Fabry V J, Aumont O, et al. 2005.Anthropogenic ocean acidification over the twenty-first century and its impacts on calcifying organisms.Nature, 437:681-686.

Perez F F，Fontela M，García-Ibáez M I，et al.2018. Meridional overturning circulation conveys fast acidification to the deep Atlantic Ocean. Nature, 544(7693):515-518.

Saji N H, Goswami B N, Vinayachandran P N, et al. 1999.A dipole mode in the tropical Indian Ocean. Nature, 401(6751): 360-363.

Schmidtko S, Stramma L, Visbeck M.2017. Decline in global oceanic oxygen content during the past five decades. Nature, 542 (7641):335-339.

Smale D A, Wernberg T, Oliver E C J, et al. 2019: Marine heatwaves threaten global biodiversity and the provision of ecosystem services. Nature Climate Change, 9(4):306-312.

Thompson D W J, Wallace J M.1998. The Arctic oscillation signature in the wintertime geopotential height and temperature fields. Geophysical Research Letters, 25(9):1297-1300.

Victor A, Godoi F M, de Andrade T H, et al. 2020. What happens to the ocean surface gravity waves when ENSO and MJO phases combine during the extended boreal winter. Climate Dynamics, 54: 1407-1424.

Wang H, Liu K, Wang A M, et al.2018.Regional characteristics of the effects of the El Niño-Southern Oscillation on the sea level in the China Sea.Ocean Dynamics, 68: 485-495.

Webster P J, Moore A M, Loschnigg J P, et al.1999.Coupled ocean-atmosphere dynamics in the Indian Ocean during 1997–98. Nature, 401:356-360.

WMO.2021.WMO Statement on the State of the Global Climate in 2020.WMO_No.1264. Geneva, Switzerland.

WMO.2022.WMO Statement on the State of the Global Climate in 2021.WMO_No.1290. Geneva, Switzerland.

Wu B Y, Wang J, Walsh J.2004.Possible feedback of winter sea ice in the Greenland and the Barents Sea on the local atmosphere. Monthly Weather Review, 132(7):1868-1876.

Yang Q, Ma Z, Fan X, et al. 2017. Decadal Modulation of Precipitation Patterns over Eastern China by Sea Surface Temperature Anomalies.Journal of Climate, 30(17):7017-7033.

Zhang Y, Wallace J M, Battisti D S.1997.ENSO-like interdecadal variability: 1900-93. Journal of Climate, 10:1004-1020.

Zhang Z Q, Sun X G, Yang X Q.2018.Understanding the Interdecadal Variability of East Asian Summer Monsoon Precipitation: Joint Influence of Three Oceanic Signals. Journal of Climate,31(14):5485-5506.

附录Ⅰ 资料来源

本书中使用的资料来源

本书中所用资料主要源自国家海洋信息中心，其他资料来源如下。

世界气象组织（www.wmo.int）：《2021年全球气候状况》：表面温度。

中国气象局气象数据中心（data.cma.cn）：气温、气压、降水、风速。

自然资源部海洋减灾中心（www.nmhms.org.cn）：《中国海洋灾害公报》（2000~2021年）：风暴潮和最大增水。

中国科学院大气物理研究所（www.iap.ac.cn）：全球海洋热含量。

日本气象厅（www.data.jma.go.jp）：全球海洋热含量、太平洋年代际振荡指数。

美国国家冰雪数据中心（nsidc.org）：南、北极海冰范围。

美国国家海洋和大气管理局（www.noaa.gov）：海表温度、海面气温和海平面气压。

美国国家环境预报中心/美国国家大气研究中心（www.esrl.noaa.gov）：位势高度、垂直速度、海平面气压等。

英国气象局哈德利中心（www.metoffice.gov.uk）：海表温度。

哥白尼海洋环境监测中心（marine.copernicus.eu）：海平面、海浪、pH、叶绿素a。

法国国家空间研究中心（www.aviso.altimetry.fr）：海浪。

其他说明

本书中的季节划分是：上年12月至本年度2月、3~5月、6~8月、9~11月，分别为冬季、春季、夏季、秋季。以2月、5月、8月和11月作为冬季、春季、夏季、秋季的代表月。

本书中除特别说明外，距平值指原始值减去1991~2020年平均值。

沿海海洋状况分析主要基于国家海洋观测站网资料，近海海洋状况分析主要基于浮标、调查船和卫星等观测资料（研究范围：100°E~150°E、0°~50°N）。

本书中涉及的中国沿海统计资料，暂未包括香港、澳门和台湾。

主要贡献单位

国家海洋信息中心、自然资源部海洋减灾中心、国家气候中心等。

附录Ⅱ 术 语 表

常年： 在本书中，"常年"是指1991~2020年气候基准期的平均值，简称常年。

全球平均表面温度： 与人类活动生物圈关系密切的地球表面平均温度，通常是基于按面积加权的海洋表面温度和陆地表面1.5米处表面气温的全球平均值。

黑潮及其延伸体： 黑潮起源于北赤道流，是沿着北太平洋西部边缘向北流动的一支强西边界流，具有高温、高盐、流量大、流速强、厚度大和流幅窄等特征。黑潮的骨干经吐噶喇海峡进入太平洋后，沿日本列岛南部海区向东的海流被称为黑潮延伸体。黑潮延伸体作为中纬度海气相互作用的关键区域，其热量和水体的分布和变异对于全球气候变化和海气相互作用都有很大的影响。

西太暖池： 热带西太平洋暖池，简称西太暖池，因其内积聚了全球海温最高，体积最大的暖水团而得名。该暖池区内通常伴随着强烈的海气相互作用以及对流活动，因而对区域乃至大尺度气候异常产生影响。

海洋热含量： 是指一定体积海水所包含的热能，其由海水温度、密度和比热容三者乘积的体积积分计算。海洋热含量是全球气候变化最为关键的指标之一，其变化主要反映了缓变的气候变化和气候变率信号。

潮位： 受天体引力作用周期性涨落的水位称为潮位。在潮位升降的每一个周期中，海面涨至最高时的水位称为高潮位；海面降至最低时的水位，称为低潮位；相邻高潮位与低潮位的高度差，称为潮差。在一个太阴日内两个高（低）潮位中高度较高（低）的一个称为高高潮位（低低潮位）。一段时间（1月、1年或多年等）内高高潮位（低低潮位）的平均值，称为**平均高高潮位（平均低低潮位）**。相邻高高潮位与低低潮位的高度差，称为大的潮差。一段时间（1月、1年或多年等）内大的潮差的平均值，称为**平均大的潮差**。

海平面： 消除各种扰动后海面的平均高度，一般是通过计算一段时间内观测潮位的平均值得到。根据时间范围的不同，有日平均海平面、月平均海平面、年平均海平面和多年平均海平面等。中国沿海海平面根据验潮站观测资料计算得到，包含地面升降，为相对海平面。

极值潮位： 又称极端海面，指一段时间（1月或1年等）内观测潮位的第99.9百分位值（极值高潮位）或第0.1百分位值（极端低潮位）。

海洋酸化： 海洋酸化是指海洋pH长期（通常为几十年或以上）降低的现象，主要是由于吸收了大气中的二氧化碳所致，但也可由于海洋中其他化学物质增加或减少所致。

pH： 根据氢离子浓度测定海水酸度的无量纲度量，其计算公式为pH= $-\lg[H^+]$，pH降低一个单位相当于H^+浓度或酸度增加10倍。

大洋最小含氧带： 通常是指大洋水体中氧含量缺乏（低于2.2毫克/升）的水层，一般在水深200~1000米，其形成主要与厌氧细菌降解有机物导致的溶解氧消耗有关，其分布受大尺度海洋环流的影响。

海浪： 由风引起的海面波动现象，主要包括风浪和涌浪。按照诱发海浪的大气扰动特征来分类，由热带气旋引起的海浪称为台风浪；由温带气旋引起的海浪称为气旋浪；由冷空气引起的海浪称为冷空气浪。在海上或岸边能引起灾害损失的海浪称为灾害性海浪。

冰量： 是指海冰覆盖面积占整个能见海面的成数。在进行冰量观测时，将整个能见海面分为10等份，估计海冰的覆盖面积所占的成数。海冰分布面积占整个能见海域面积不足半成时，冰量为"0"；占半成以上，不足一成时为"1"；其余类推，整个能见海面布满海冰而无缝隙时，冰量为"10"，有缝隙时为"10⁻"。

冰期： 每年冬季第一次出现海冰的日期为初冰日，翌年海冰最后存在的日期为终冰日，初冰日至终冰日的时间间隔称为冰期。

初级生产力： 自养生物通过光合作用或化学合成制造有机物的速率。

海气热通量： 单位时间、单位面积上海洋和大气之间传输的热量。海洋吸收的太阳入射辐射大部分被储存在海洋混合层中，相当一部分通过感热、蒸发和长波辐射释放到大气中，驱动大气的运动，剩余部分则以海洋环流为媒介在各海域之间传递。

海洋热浪： 在一定海域内发生的海表温度至少连续5天超过局地气候阈值（即气候基准期1983~2012年内同期海表温度的第90百分位值）的极端高温事

件，其持续时间可达数月，空间范围可延伸至数千千米。海洋热浪可分为四级，分别为中度海洋热浪（海表温度大于气候阈值）；强海洋热浪（海表温度异常大于气候阈值与气候平均态差值的2倍）；严重海洋热浪（海表温度异常大于气候阈值与气候平均态差值的3倍）；极端海洋热浪（海表温度异常大于气候阈值与气候平均态差值的4倍）。

暖昼日数：某站日最高气温大于常年同期第90百分位值的日数。

冷夜日数：某站日最低气温小于常年同期第10百分位值的日数。

极端高温事件：某站日最高气温高于极端高温事件阈值即发生极端高温事件。极端高温事件阈值由该站气候基准时段（1991~2020年）每年逐日最高气温序列的第95个分位值的30年平均值确定。极端高温事件日数为日最高气温高于极端高温事件阈值的日数。极端高温事件累积强度为极端高温事件期间，日极端高温与极端高温事件阈值差值的累积值，单位为℃·天。

极端低温事件：某站日最低气温低于极端低温事件阈值即发生极端低温事件。极端低温事件阈值由该站气候基准时段（1991~2020年）每年逐日最低气温序列的第5个分位值的30年平均值确定。极端低温事件日数为日最低气温低于极端低温事件阈值的日数。极端低温事件累积强度为极端低温事件期间，极端低温事件阈值与日极端低温差值的累积值。

暴雨及以上级别降水日数：某站日降水量≥50毫米的日数。

强降水日数：某站日降水量超过强降水阈值的日数。强降水阈值由该站气候基准时段（1991~2020年）每年逐日降水序列的第95百分位值的30年平均值确定。

黄海冷水团：夏季，黄海整个底层除近岸外，几乎全被低温海水所盘踞，其等温线自成一个水平封闭体系，这个等温线呈封闭型的冷水体，就是黄海冷水团。黄海冷水团尤以北黄海最为显著，是中国近海浅海水文中突出和重要的现象之一。

风暴潮：由热带气旋、温带气旋、海上飑线等风暴过境所伴随的强风和气压骤变而引起叠加在天文潮位之上的海面震荡或非周期性异常升高（降低）现象，分为台风风暴潮和温带风暴潮两种。

西北太平洋副热带高压：在西北太平洋上的暖性副热带高压系统，其范围大小以500百帕位势高度场的588位势什米等值线所包围的区域来表示，是影响东亚以及我国天气气候最主要的系统之一，尤其是其位置、面积和强度的变化对我国汛期降水有重要影响。

厄尔尼诺 / 拉尼娜事件：热带中东太平洋海表温度大范围持续异常上升 / 下降的气候现象，其名称起源于西班牙语，意为"小男孩 / 小女孩"。厄尔尼诺与拉尼娜事件通常交替出现，是热带太平洋海洋和大气相互耦合作用的结果，为气候系统内部最强的年际变化信号。

南方涛动：热带东太平地区和热带印度洋地区气压场反相变化的跷跷板现象。通常使用达尔文岛与塔希提岛之间的气压差表示，南方涛动影响全球海洋和大气状况。

热带印度洋偶极子：是热带西印度洋（10°S~10°N，50°E~70°E）和东南印度洋（10°S~0°，90°E~110°E）海表温度的跷跷板式反向变化，具有显著的季节位相锁定特征，通常在夏季开始，秋季达到峰值，冬季快速衰减。热带印度洋偶极子的变化是影响我国降水的重要因素之一。

太平洋年代际振荡：是北太平洋海表温度年代际变率的主模态，具有多重时间尺度，主要表现为准 20 年周期和准 50 年周期，对全球及中国气候系统的影响较为显著。